Vincent PIERIBONE and David F. GRUBER,
AGLOW IN THE DARK: THE REVOLUTIONARY SCIENCE OF BIOFLUORESCENCE.

光るクラゲ

蛍光タンパク質開発物語

ヴィンセント・ピエリボン＋デヴィッド・F・グルーバー著
滋賀陽子訳

青土社

光るクラゲ——蛍光タンパク質開発物語　目次

光るクラゲ——蛍光タンパク質開発物語

原文の分かりにくい箇所には、〔　〕で言葉を補ったり、説明を付け加えた。

まえがき

シルビア・ナサー

宇宙飛行士ジョン・グレンは、はじめて宇宙に飛び出して「漆黒の空に輝く発光体」に取り囲まれた時、彼が育ったオハイオ州の夏の夜の馴染み深いホタルの光のまたたきを思い出した。石器時代には西インド諸島の原住民は、暗闇の恐ろしさを軽減しようと、光る甲虫を足の指の間に挟んで森の中を歩いた。人間はずっと昔から、他の生物の冷たい輝きに魅了されてきた。しかし、サメから微小な渦鞭毛藻に至る途方もない数の動物が光を発することができるのに、その仕組みについてはニュートンが『光学』を出版した後も長い間謎に包まれていた。フランスの生理学の教授が生物発光の基礎となる化学反応を解明したのは、やっと一九世紀の末になってからだった。それにもかかわらず、たった三世代か四世代後の今、生物医学研究者らは遺伝的に修飾された蛍光タンパクを用いて「生きた」細胞の内部を明るく照らし出している。

生物が「生まれながらに持つ光」を利用して生命の秘密を解き明かすことが、どれだけ素晴らしいことなのかを考えると、ただただ圧倒される。虹色の蛍光タンパクは、最も強力な顕微鏡やスキャナーでさえも手の届かなかった生体の未知の分野の探究への扉を開けた。この新たな領域——細胞の最も深く、今までは最も暗かった部分——はあらゆる点で、一九世紀に機関車・蒸気船・電信が開拓したと同じくらい広大で前途有望な（もちろん危険でもある）ものになりそうである。ほとんどどんな種類の生細胞にも注入できる蛍光タンパクは、今や、分子革命を推進し、エイズやアルツハイマーやがんなどの病気と戦うためになくてはならない道具となっている。世界を変革するような他の発明と同様に、この道具にはまだ未開発の別の利用法もある。これらのタンパク質の新たなタイプを使って、人々が自分の手や目を動かしているかのように、自分の考えをコンピューターに伝えられるようになるのもじきだろう。

本書『光るクラゲ』（*Aglow in the Dark*）はこれらのこと、いやそれ以上を解説している。これは二人の科学者によって生き生きと書かれた、蛍光タンパク科学への信頼できる入門書であり、生物発光の簡潔な博物学であり、また、奇人や運命の皮肉や偶然の出会い満載の、非常に読みやすくて面白い発見物語であることも忘れてはならない。すなわち現代版『微生物の狩人』(*Microbe Hunter*)〔一九二六年に出版されたポール・ド・クライフの名作で、一四名の世界的な細菌学者の小伝が素人にもわかるように物語風に描かれている〕なのである。

実は私は、著者らがユニークで創造的なグループをこの上もなく詳しく、完全な信憑性をもって描写していることに最も魅了された。全く分野の異なる独創的な人々が自然に対する勝負をどのように挑むのか、数学者ジョン・ナッシュの言う「真に独自のアイディア」をそれぞれの見解に従ってどのように追究するのかを知る機会を得たことは、とても刺激的で有益だった。もちろん生物学者の仕事の流儀や戦略や環境は伝記作家のものとは著しく異なる。しかし、『光るクラゲ』では彼らの共通性が強調されている。すなわち、この情報時代に住む幸運な者として、我々は誰しも自分自身の光を生み出そうと努めている。そしてアイデアこそがまさにそれではないだろうか?

ピエリボンとグルーバーは無数の日付、事実、説明、逸話、観察結果、名言を、切れ目のない成長物語に組み込み、生物発光の科学が全くの推測から事実の記述へ、そして一九九〇年代の発明へと進化していく様子をたどっている。もちろん、環境からの刺激についても興味を抱かせる。光る能力を発明した人間以外の種では、発光は何よりもまず、防御反応や性的誘惑や獲物を惹きつける疑似餌なのだ。自然界の光のショーに関して言えば、ピエリボンとグルーバーは芸術のための芸術の例は一つも報告していない。プリンストンのエドマンド・ハーベイのような個性的な科学者にとっては、冒険心と旅行熱が研究の動機だった。しかし前世紀をとおして、発光についての創造的な思考はたいていの場合、さまざまな実用的な使い道があるかどうかによって、盛衰を繰り返した。

最初の重要な進展は、市場性の高いアイデアを求めて自然界を探し回り、大量販売を促進する、ダーウィニズム・商業文化・化学工業の台頭と重なっているようだ。一九〇〇年のパリの万国博覧会でのラファエル・デュボアによるビブリオ菌で満たした壁掛け型燭台の巧妙な展示は、明らかに家庭や職場をより安く安全に明るく照らす方法を探すゴールドラッシュのような熱狂的行動の一環だった。次の一歩は、長崎の原爆を生き抜いた一徹な科学者によって、軍産共同体が科学的な計画を設定していた冷戦のさなかに印された。第二次世界大戦中、日本軍の企画官は単純な暗視ゴーグルを開発しようと考えたが、アメリカやソ連の海軍は、波間に漂い刺激によって輝くプランクトンの群れが引き起こす問題の方に興味があった。この輝きは操縦者を混乱させたり、敵を欺いたり、また海中を隠れて航行しているはずの潜水艦を敵からよく見える標的と化したりする。

生物発光を説明的な分野から豊かな発明の泉へと変化させた急展開は、一九九〇年代になってようやく起きた。情報技術とゲノム革命が、遺伝子操作と大量生産が可能な蛍光タンパクの探求に拍車をかけたのだ。供給と需要がそろって急増した。クラゲなどを何千匹も集めて乾かすために時間を浪費せずとも、クローニングによって試料をコピーできるようになった。色の種類も増え、明るさも増し、研究者らによる新たな使い道も次々と発見された。利用が広がれば広がるほど、新たな性能のよいタンパク質への要求が高まった。赤色の蛍光や、より明るい蛍光や、電気的変化への感受性を持つタンパク質は、多数の産物の中のわずかな例に過ぎない。

さて、何が先駆者らを惹き付けたのだろう？　それは楽しい競技だからではないだろうか。G・H・ハーディーは『ある数学者の生涯と弁明』〔柳生孝昭訳、シュプリンガー・フェアラーク東京〕の中で、数学、実際にはすべての科学は競技スポーツだと断言しているし、ジェイムズ・ワトソンとフランシス・クリックのDNAの構造解析をめぐるライナス・ポーリングとの競争を描いた『二重らせん』〔中村桂子、江上不二夫訳、講談社〕を読んだ人なら、きっと同感するだろう。ウィーンの博学者で初期の創造性の一般理論の一つを著したヨーゼフ・シュンペーターは、勝ち抜き戦は社会的観点からすると素晴らしく効率的な設定、すなわち、この上なく安上がりの方法だと書いている。つまり最小限の社会的費用で個人の最大限の努力を引き出す。ノーベル賞、金銭的に見返りのある特許、恵まれた地位など、二、三の非常に大きな賞のために、多くの有能な人々が競争に加わり、多大の個人的な犠牲を払う。しかし最後まで頑張った人々の中でさえ、賞を手にできるのはほんの数人に過ぎない。『光るクラゲ』には、競争に加わり、重要な貢献をし、しかし生物発光の歴史には残らなかった研究者がたくさん登場する。本書に描かれているたった一人の女性であるコロンビア大学の大学院生もそういう科学者だし、緑色蛍光タンパクの配列を決定したウッズホールの研究者もそうだ。彼は蚊の研究に転じてしまったが、なぜ最初に緑色蛍光タンパクに関わったかと聞かれて、「僕は変わっているからね」と答えた。話の中に登場する起業家ロジャー・チエンは、あるときバークレーの同僚に向かって「君はどんなものを手中にしたか分かっているかい？……宝の山だよ！」と言ったのだが、同僚の目的は別だということにすぐに気づいた。「彼は宝の山に対して食指を動かす気はないという印象を受けた」。

金儲けができる可能性があるからといって、お金が主な動機にはならないことを著者らははっきり言っている。チエンのようなやり手にとってさえそうなのだ。営利企業や映画でも同じことだが、科学でも、現金は完全ではないにしても得点をかせぐ便利な方法ではある。毎晩、毎週末、仕事に熱中するあまり家族を顧みなかったことの穴埋めをしてくれる。しかし本書に登場する科学者たちが（どこにでもいる学者と同様に）最も欲しい通貨とは貨幣ではなく評価、すなわち研究者仲間から認められることだ。チエンは何十もの特許を持っているが、自分の研究は「純粋な生物学に劣る技術開発として片付けられることが多い」と述べ、ノーベル賞委員会を構成するスウェーデンの科学者らの間では、いまだに「純粋な生物学」が業績判断の究極の基準であることに対する不満を言外にほのめかしている。〔本書が書かれたのは二〇〇六年であったが、二〇〇八年にチエンも下村やチャルフィーとノーベル化学賞を共同受賞している。ノーベル賞委員会の考え方も変わってきたのだろうか。〕

アイデアを生み出すことが競技スポーツだとするなら、勝者が持つ共通点は何だろう？ 創造的な思考をする他分野とも共通するものはいろいろあるが、競技に早く参加すること、大きな賞を狙うこと、完璧な集中力、作戦をやり通すこと、などがその例だろう。しかし意外なこともある。実験室の流しに偶然こぼれたものが成功の糸口になることがあったにせよ、思いがけない幸運よりむしろ戦略――たとえば誰も試したことのない方法を選ぶなど――の方が結果を左右することが多いようだ。「皆が既にやっていることを試しても何も新しいことは発見できない」から、人気（にんき）のない分野で研究するのが嬉しいというある研究者の所感から、私はジョン・ナッシュの研究戦略を思い起こした。ある山に登ろうと、全員がその山のふもとで道を探しているときに、ナッシュなら別の山によじ登って、そこから最初の山をサーチライトで照らそうとするのだ。また、明らかな矛盾が起こることもある。激しい競争はえてして並外れた量の協力を生み出す。研究者らは絶え間なくアイデアを交換し、新たな連携を形成している。もしかすると、これは矛盾でも何でもないのかもしれない。技術系企業もライバルとの特許の共有、企業間提携などを行っている。

幸いなことに本書『光るクラゲ』は、それでも競争は楽しい競技だと教えてくれる。生物発光研究は成熟してしまったが、発展期のばかげた行動やふざけた気分などなどの痕跡を残している。ジョン・ナッシュと同様に、チエンの輝かしい経歴は、爆発、すなわち家の地下室で爆発物を混ぜた企てとともに始まったようだ。大研究室のボスは、水泳パンツとネクタイを身に纏い、テーブルの上で「リア王」のパロディーをそらんじて科学界へのデビューを飾った。誰よりも先んじて赤色蛍光の聖杯を手に入れたロシアの一匹狼は、コンピューターゲーム中毒者で、彼の風変わりな近親者はすべて同じ研究室のメンバーだった。ピエリボンとグルーバーは広範囲に及ぶ報告の過程で、グレートバリアリーフでスキューバ・ダイビングし、ニューヨークでピクサー社のヒット映画『ファインディング・ニモ』を見、モスクワの至る所のアパートで光る水槽を見るガイドツアーに参加した。著者らは企画の精神を完璧に伝えている。読了して振り返れば、生命は、光る虫の研究に一生を捧げる者にも星へ旅する者にも等しく、その神秘のベールを脱ぐのだということを教えられた気がする。これは単なる競争ではなく、素晴らしい展望でもある、と著者らは言っているようだ。

〔ニューヨーク州〕ヤッドにて

序章

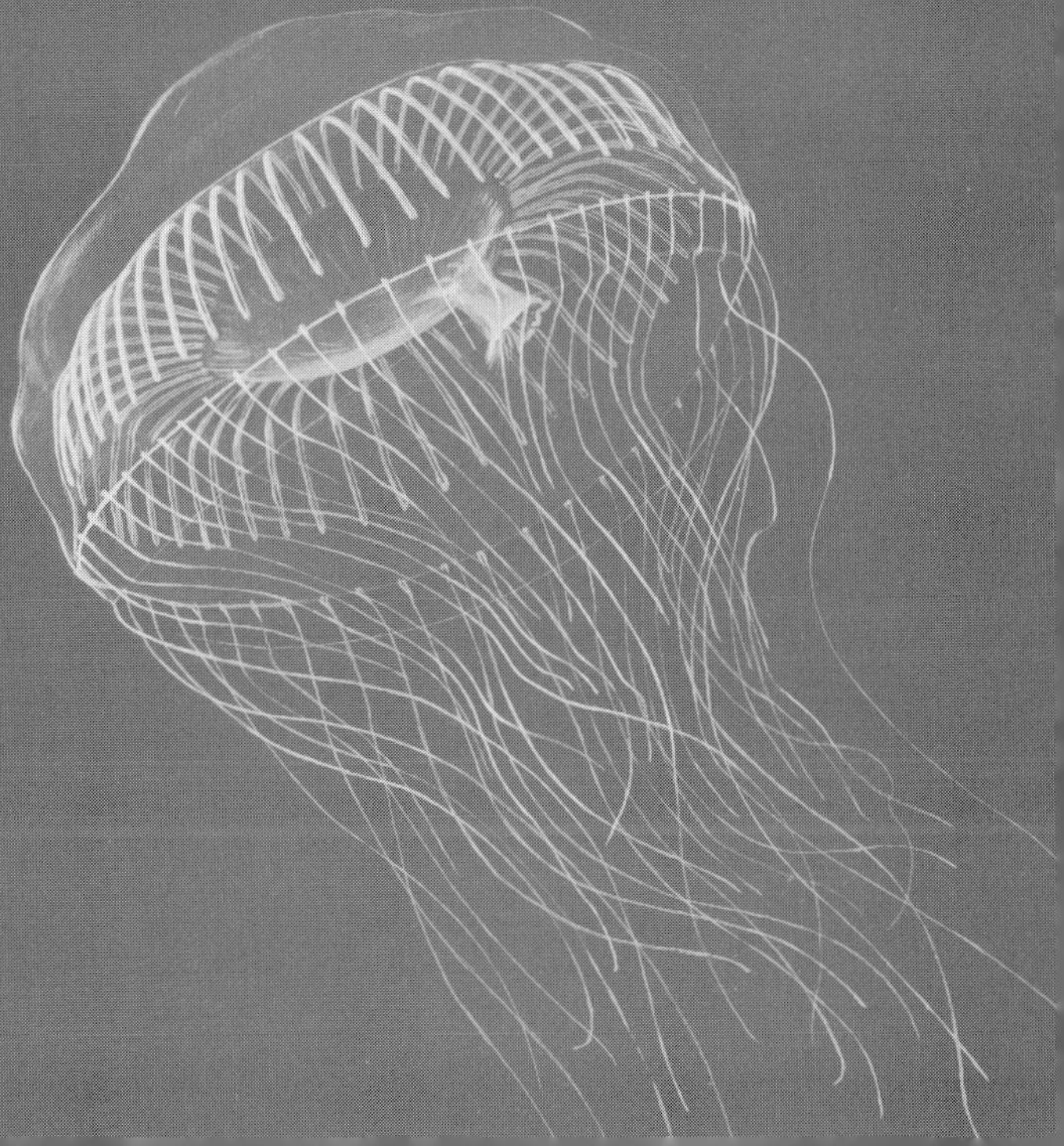

二〇〇四年一一月。ニューヨーク大学医学部のスカーボール研究所五階の暗室で、一人の神経生物学者が脳の内部機能を調べる実験を始めたところである。彼は二光子〔蛍光共焦点走査型〕顕微鏡に向かって座り、顕微鏡の下に静かに横たわっている麻酔された三ヵ月のマウスの頭を見つめている。頭皮に開けられた小さな丸い穴からは乳白色の頭蓋骨が見える。顕微鏡のレンズを徐々に下ろしていくと、脳の表面を覆う血管のぼんやりした像が現れてくる。生きた脳内の、何の変哲もないピンクの組織の一部に焦点を合わせる。これが脳の表層にある大脳皮質で、理解・記憶・複雑な動きなどの高等な機能を担っている、自然界で最も精巧で複雑な組織なのだ。一ミリ平方の脳の組織内では、何千というニューロン（神経細胞）が入り組んだ網目を織りなし、それぞれのニューロンはまるで生きた三次元のコンピューターチップのように、小さな電子処理装置として働く。

ビデオのモニター画面からのほの暗い光のもとで走査スイッチを入れたとたん、顕微鏡はシャッターの連続音とモーターの回転音を立てて動き出す。通常の顕微鏡とは異なり、この装置には強力な赤外線レーザーが備えられている。もともとは宇宙空間で核弾頭を迎撃するために軍需産業によって開発されたもので、高エネルギー、高密度の光線を発して脳を走査するが、一回の発光時間が一秒の千兆分の一という非常に短いパルスを用いるため、組織を損なうことはない。普通の瞬時にマウスのニューロンの鮮明で詳細な像が、緑色に光る形となって画面上に現れる。普通のマウスなら、画面には何も見えないはずだが、これは絶滅に瀕したあるクラゲの持つ独特の蛍光タンパクを作るように遺伝的に操作された特殊なマウスなのだ。このタンパク質がニューロンを満たし、レーザー光線で励起されると明るく輝く。レンズを移動させると、さながらマウスの脳の三次元の旅をしているようで、美しく輝く樹木のような形の構造が次々に浮かび上がる。これらの像は入り組んだ蔓のような突起を持つニューロンで、枝葉を伸ばしてシナプスを作っている。シナプスは脳の機能の基礎をなし、マウスの場合は、好きな匂い、巣のありか、危険を知らせる音といった情報がここに蓄えられている。

この輝く小さな森の奥へ分け入って行くと、生気のない場所が現れる。ねじれて死にかけた枝々がいばらのように絡まり合って、健康な脳の中に埋もれている場所だ。中心には壊死物質が密集した塊がある。これは周囲の元気な脳組織中の異様な傷跡で、アルツハイマー斑〔老人斑〕といわれ、人々を苦しめる最も一般的な脳疾患の一つの病理学的特徴である【口絵1】。アルツハイマー病が進行するに従い、これらの老人斑は脳のあちこちに現れ、徐々に灰白質を損なっていく。アルツハイマー病は進行性、非可逆性の記憶の喪失を特徴とし、ついには認知症に至る。病気の初期には、収支の管理、車の運転、家電製品の扱いといった単純な仕事をきちんと行うのが困難になり始め、的確な言葉がなかなか探せず、会話も難しくなる。これらの兆候は、発病当初は通常の老化現象として片付けられて、見過ごされがちである。

しかし病気が進行するに従い、入浴や身づくろいなどの普段の習慣がますますおろそかになり、新しいことを覚えるのが難しくなり、記憶はゆがんでぼやけ始める。言語能力は衰え、不明瞭な訳の分からない言葉をつぶやく。気分変動、不安、錯乱、妄想などが現れて落ち着きがなくなり、行動や言葉が攻撃的になる。悲惨なことに、記憶はじきにずたずたになり、愛する配偶者や子供さえも見分けられなくなる。

病気の最終段階では、患者は失禁状態になり、介護者に依存するようになる。患者の人格を形成していたすべてのものが、個性も自我も剝ぎ取られて、消えてしまう。

マウスは本来アルツハイマー病にはならないのだが、このマウスはヒトのアミロイド前駆体タンパク質とプレセニリンIの変異型（これらは老人斑の原因となる）を発現するように遺伝的に操作されている。これらの変異が合わさって、アルツハイマー病の動物モデルが作られる。生後三ヵ月でマウスは記憶の保持ができなくなり、迷路から抜け出せなくなり、人間のアルツハイマー病に類似した症状を呈する。マウスの脳を観察すると、はじめは健康で美しかった組織が、時が経つとニューロンの繊細な突起の勢いが弱まり、周囲のニューロンとの接触が失われていく。一部のニューロンは急激に勢力を増す老人斑に完全に飲み込まれている。さらに観察を数週間続けると、これらの老人斑が成長し広がるようすが明らかになる。この衰弱性の病気が健康な脳を次第に破壊して行く仕組みが、こうしてはじめて直接説明されたのである。アルツハイマー病の進行を逆行させたり止めたりできる医薬品の選別にも、この同じ技術が使える。

以前はSFの題材だった、生きた脳内への旅が当たり前のことになり始めている。緑色蛍光タンパク質（GFP）が生み出す光と遺伝的操作の組み合わせは、現代の生物医科学のほとんどの領域を劇的に変化させている。アルツハイマー病の対処に使われているまさにそのタンパク質が、いつの日か人間の脳とコンピューターを直接結びつけられるようになり、ただ考えるだけで物体を動かしたり戦闘機を飛ばしたりすることさえできるようになるかもしれない。この単純な蛍光タンパクが推進したこのような技術を応用することによって、科学の地平は広がり、研究者たちは生きた脳を理解し、操作し、情報をやり取りできるようになった。科学は比類なく有益であるとともに潜在的に非道な面を持つものだが、その可能性には限りがないように思われる。

第１章

生物の発する光

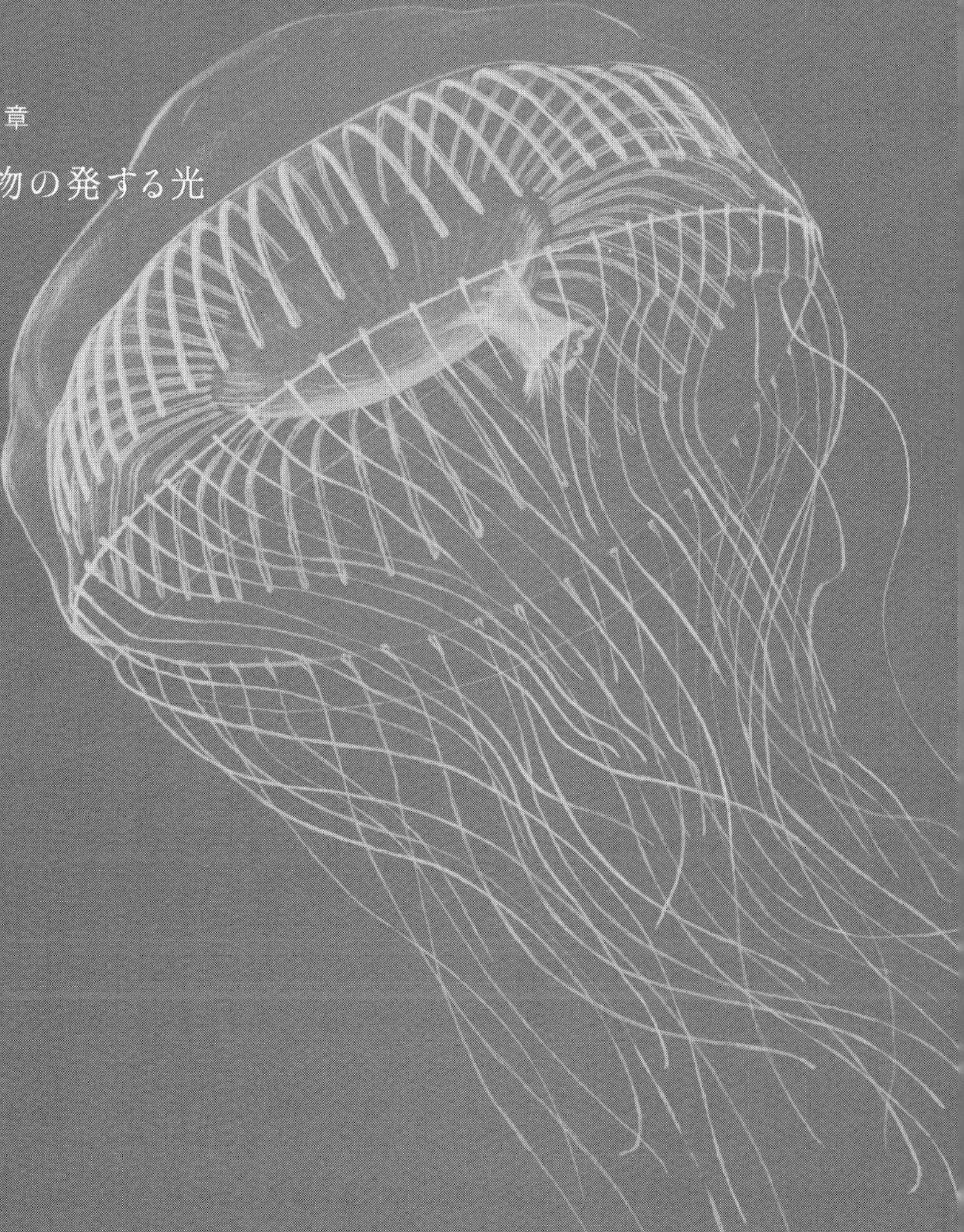

生物発光、すなわち生き物が光を生み出す能力は、珍しく、普通ではないもののように思われそうだが、地球の非常に暗い場所に潜む生物にとっては、当たり前のことなのだ。地球上のすべての生物を（形態や身体的特徴によって）分類学上の門に分けると、ほとんど半数の門には発光する生物が含まれている。[1] このさまざまな生物の仲間には、細菌、原生動物、キノコ、カビ、クラゲ、昆虫、イカ、ぜん虫、甲殻類、軟体動物、サメなどが含まれる【口絵2】。生物発光は何千年もの間人々を魅了してきた。最も初期の記述の一つはアリストテレスにまで遡り、二五〇〇年近くも前のものである。『色彩論』の中で彼は「火でもなく、火の形もとらないのに、自然に光を発するものがある」と書いている。[2] ここでアリストテレスは、熱い物体から放射される光（白熱といわれる）と、熱を伴わずに生じる光（発光）とを正しく区別していた。実際に、どんな固体も摂氏五二五度に熱せられると、かすかな鈍い赤い光を発する。温度を上げていくと、色は鮮紅色になり、次に黄色に変わり、最後には白色になる。生物発光は、燃料を燃やして非常に完璧な効率で光を発する化学反応なので、ほとんど熱を生じない冷たい光である。逆に、白熱電球は発光のためにはエネルギーをほんのわずかな割合しか使わず、残りは熱として放出する。アリストテレスは限られた知識の制約を受けながらも多くの鋭い観察を行ったが、彼が〝他の光〟と呼んだものの説明では行き詰った。『感覚と記憶』の中で「暗闇の中で輝くのは滑らかな物の性質である」と述べ、例として「何種類かの魚の頭やイカの出す汁」を挙げた。[3] 現在では、イカの特殊な腺が発光液を作ることや、魚の頭の光は腐りかけた肉に付着して増殖する細菌の発光によることが分かっている。

一世紀には、ローマの政治家、自然科学者、著述家であったガイウス・プリニウス・セクンドゥス（大プリニウスとして知られる）は、ベスビオ火山の斜面にある自宅の近くの光る生物をいくつか記録し始めた(七九年の噴火で亡くなる前)。多くの発光生物が住む水域であるナポリ湾が近かったのだ。彼は数種類の光る動物を同定したが、そのうちの一つは彼が"Plumo Marinus"と呼んだ大きなクラゲで、現在ではオキクラゲ（*Pelagia noctiluca*）、として知られている。また発光する食用二枚貝ニオガイ（*Pholas dactylus*）にも注目した。この海産の二枚貝は主にヨーロッパで見られ、柔かい岩に穴を掘って潜り住み、平穏が乱されると水管から青い発光液を噴き出す。夜には海水がかぶらない所にいる貝が液を噴出すると、きらめく光のショーになる。プリニウスは、この貝は食べられてからも光り続けたと記している。「これらの貝の性質として、他の光が消えると暗闇の中で明るく光り、食べている人の口の中や手の中で発光液の量に比例して光る。液が滴ると床の上や衣類の上でも光ることから、この液体が驚くべき性質を持っていることは疑いの余地がない」[4]。プリニウスは、人間による生物発光の利用を最初に記録した人物でもある。彼は杖にクラゲの粘液をこすり付けて、松明のように自分の足元を照らすのに使ったと書いている。

これに続く一三〇〇年間は独創的な科学的観察の乏しい時代で、発光生物についての記載はほとんど文献には現れない。おそらくこのような薄気味の悪い生き物はタブー視されがちだったためだろう。イタリア人には、蛍を亡くなった先祖の魂だと信じて非常に恐れる迷信があった[5]。ダンテは、恐れずに生物発光に言及した数少ないイタリア人の一人だった。彼は一三二一年の死の前に書いた最後の詩の一つ、〔『神曲』の中の〕『地獄篇』に、地獄の八番目の裂け目を覗きこむと、「チカチカ光る無数の蛍が谷の上を飛んでいる」のが見えたと書いている。[6]

発光生物がもっと科学的な方法で研究されるようになるのは、一七世紀になってからである。ロンドン王立協会の創立者であるロバート・ボイルは、新しいタイプの研究者／哲学者仲間の一員だった。彼らはボイルが〝自然への問いかけ〟と呼んだものに基づいて結論を出した。オックスフォードに住んでいたボイルは、一六六七年も押し詰まった頃、単純な空気ポンプを使って、発光キノコの入った鐘形ガラスから少しの間空気を抜いてみた。キノコの発光は空気がないと消え、空気を戻すと再び光り出した。こうしてボイルは生物発光の最初の化学的性質、すなわち空気を必要とするということを発見した。彼は一六七二年一二月一六日付けの王立協会の雑誌『トランザクションズ・オブ・ロイヤル・ソサエティ』(*Transactions of the Royal Society*)に寄せた論文中で、この結果を報告した。当時は〝空気〟の組成はまだ知られておらず、生物発光に必要なのは、大気のおよそ五分の一を構成する酸素であることを発見するのは、のちの研究者たちである。

空気が必要であるというボイルの観察ののちも、生物発光の性質の解明は一八世紀と一九世紀の前半にはほとんど進歩しなかった。一八一〇年にロンドン王立協会で講演した著名な科学者は状況を次のようにまとめている。

多くの著者は海の光を発光生物以外の原因に帰してきた。マーティーンは腐敗によって引き起こされると考え、シルバーシュラーグは燐によると信じ、J・マイアー教授は海面が吸収した光をあとで放出すると推測した。バヨンとジェンタイルは海の光は摩擦によって活性化されるので電気的なものだと考えた……私は上記の推論に反論するために学会に時間を取らせるつもりはない。これらの推論は論拠や実験によって立証されてはおらず、この事柄に関して確認されたすべての事実と矛盾している。[7]

一八八七年、フランスのリヨン大学の生理学の教授であり、タマリス＝シュル＝メールの海洋研究所の所長であったラファエル・デュボアが、生物発光には二種類の化学物質が必要なことを発見し、研究は転換点を迎えた。彼はこれらの「物質は発光現象を生体外で行わせるのに必要かつ十分であるが、その仕組み自体を説明できる仮説はいまだに示されていない」と記した。[8] 完全主義者だったデュボアは、ホタルコメツキ（*Pyrophorus*、西インド諸島ではありふれたコメツキムシ科の甲虫）の発光特性について、二七五ページに及ぶ大論文を発表した。[9] 彼は最初、孵化したばかりの幼虫でさえ小さな発光器官を持っていることを知ってこの昆虫に魅了されたのだが、死んでからも長い間発光が続く仕組みを解明したいと思うようになった。デュボアはホタルコメツキの生物発光のたくさんの有用な利用方法に気づいた。たとえば西インド諸島の住民は、この甲虫を足の指にくっつけて夜の森の小道を照らしながら歩くこともあれば、家の照明にも利用する

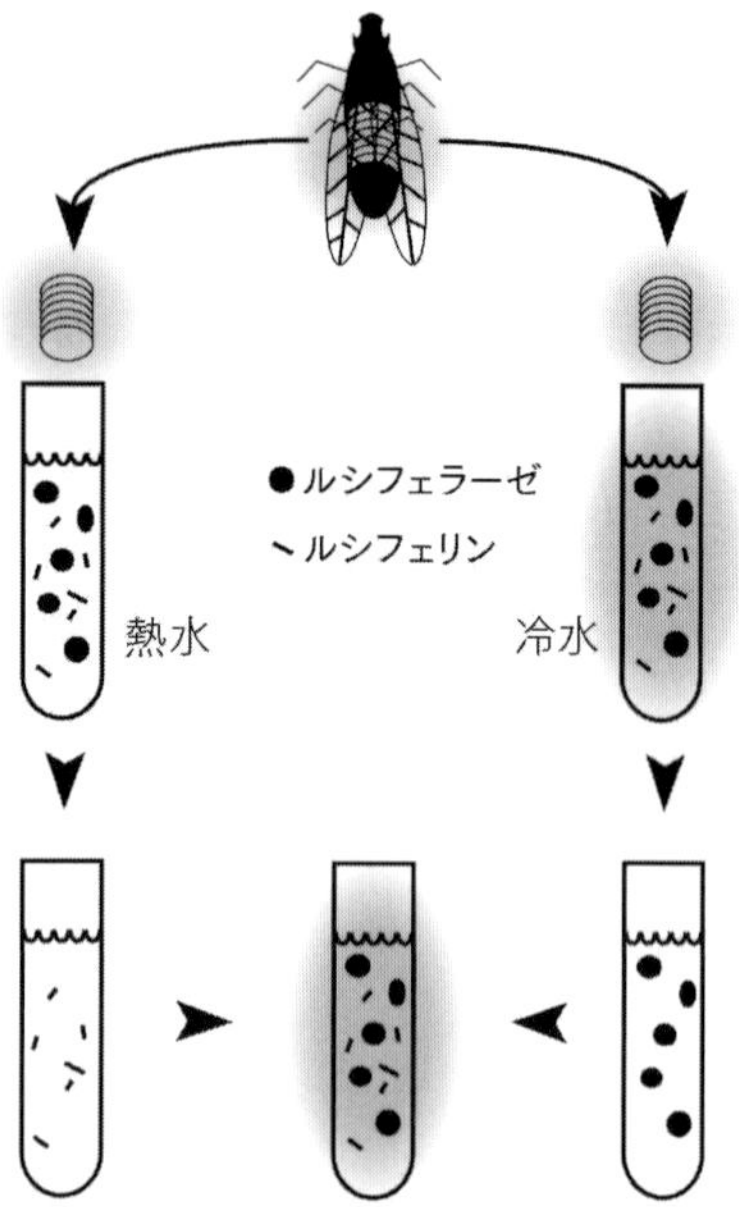

ルシフェラーゼとルシフェリンの存在を示すデュボアの有名な実験。 が光っていることを表す。

ことがある。おそらくプリニウスによる生物発光の利用についての記述に先んじて行われていたのだろう。

デュボアは、死んだ甲虫の光る部分を冷水中ですりつぶすと、その混合物は少しの間光るが、次第に消えていくことを発見した。ところがそれを沸騰水中ですりつぶすと、その後冷やしても混合物はまったく光らない。しかし驚いたことに、この混合物を冷水ですりつぶした消耗した（光が消えてしまった）混合物に加えると、また一時的に光りを取り戻す。熱水抽出物を加えさえすれば、冷水抽出物を好きな時に光らせることができるのだ。デュボアは、発光する食用貝、ニオガイをはじめとする他の種でもこの事実があてはまることを発見し、この単純な実験から、二つの重要な結論を導き出した。第一に、発光反応には二種類の別々の化学物質が必要である。第二に、生物発光の燃料成分は熱に耐えられるが、点火装置すなわち触媒の方は耐えられない。彼はこれらの物質を、光を支えるものという意味のラテン語ルシファー（Lucifer）にちなんで名づけた。生化学物質の命名法の標準規則に従って、触媒を「ルシフェラーゼ」、燃料成分を「ルシフェリン」とした。ルシフェリンとルシフェラーゼの原理は、多数のさまざまな発光動物にあてはまるようだ。自分の発見に興奮したデュボアは、一九〇〇年のパリ万国博覧会で、発光細菌の入った一ガロンのフラスコ六個を使った部屋の照明を企画した。部屋の中は、入場者が新聞を十分読める明るさだった。彼は爆発物や揮発性の物質を貯蔵する場所の安全でクールな照明として、生物発光の利用を提案した。また、発光細菌で作った坑夫用の安全ランプも提案した（おそらく特許を取った）。しかしこれらのアイデアは日の目を見ることはなかった。

陸上に住む生物には、生物発光は比較的まれなのだが、深海では九〇パーセント以上の動物種が光を発生できる。[10]太陽からの光子は水中では粒子によって散乱されたり水に吸収されたりするので、水深が七五メートル増すごとに太陽光は一〇分の一に減る。[11]海洋中で太陽光線の届く範囲はわずかで、大部分は常に暗闇に包まれているから、自分自身で発光できる海洋生物は有利になる。発光源をおとりにして獲物を誘ったり、光を利用して暗闇を探索したりできるから、食物を得るのに役立つのだ。また、光で目をくらませたり驚かせたりして敵を撃退もできれば、種に特異的な光のディスプレーによって異性を惹きつけることもできる【口絵3】。

深海では動物たちは生物発光を、一風変わった不思議な方法で利用するように進化してきた。たとえば、海面から七〇〇－三六〇〇メートルの深さの暗闇に住む貪欲な捕食者である雌のアンコウは、大きな口の前にある光る球を揺すったりピクピク動かしたりして獲物を誘う。この疑似餌は背びれの突起が変化したもので、球の内側の柔かい組織に発光細菌を密集させて飼っている。科学者たちがはじめてアンコウを捕らえたとき、それらはすべてオレンジくらいの大きさの雌で、それぞれの体に一つないし複数の大きな寄生体のようなものが付着していた。子細に調べると、これらのアーモンドくらいの大きさの寄生体は実は雄のアンコウだった。雄は雌の匂いや特有の光のディスプレーに惹きつけられて、永久に雌に付着する。雄の眼や嗅覚系などの多くの器官は、次第に退化し、血管さえ雌と共有し始める。一匹の雌に数匹の矮小な雄が付着している場合もある。雄の口は雌の体と融合し、そこから栄養物を得る。[12] 雄は不自由な状態にもかかわらず、一生涯雌と結合し続け、ついには、雌が排卵の準備ができたことを知らせるホルモンを血中に放出すると、精子を放出するだけの一対の精巣となり果てる。ハーバード大学の生物学者スティーヴン・ジェイ・グールドは一九八三年刊行の『ニワトリの歯』で、この異常な共同生活について

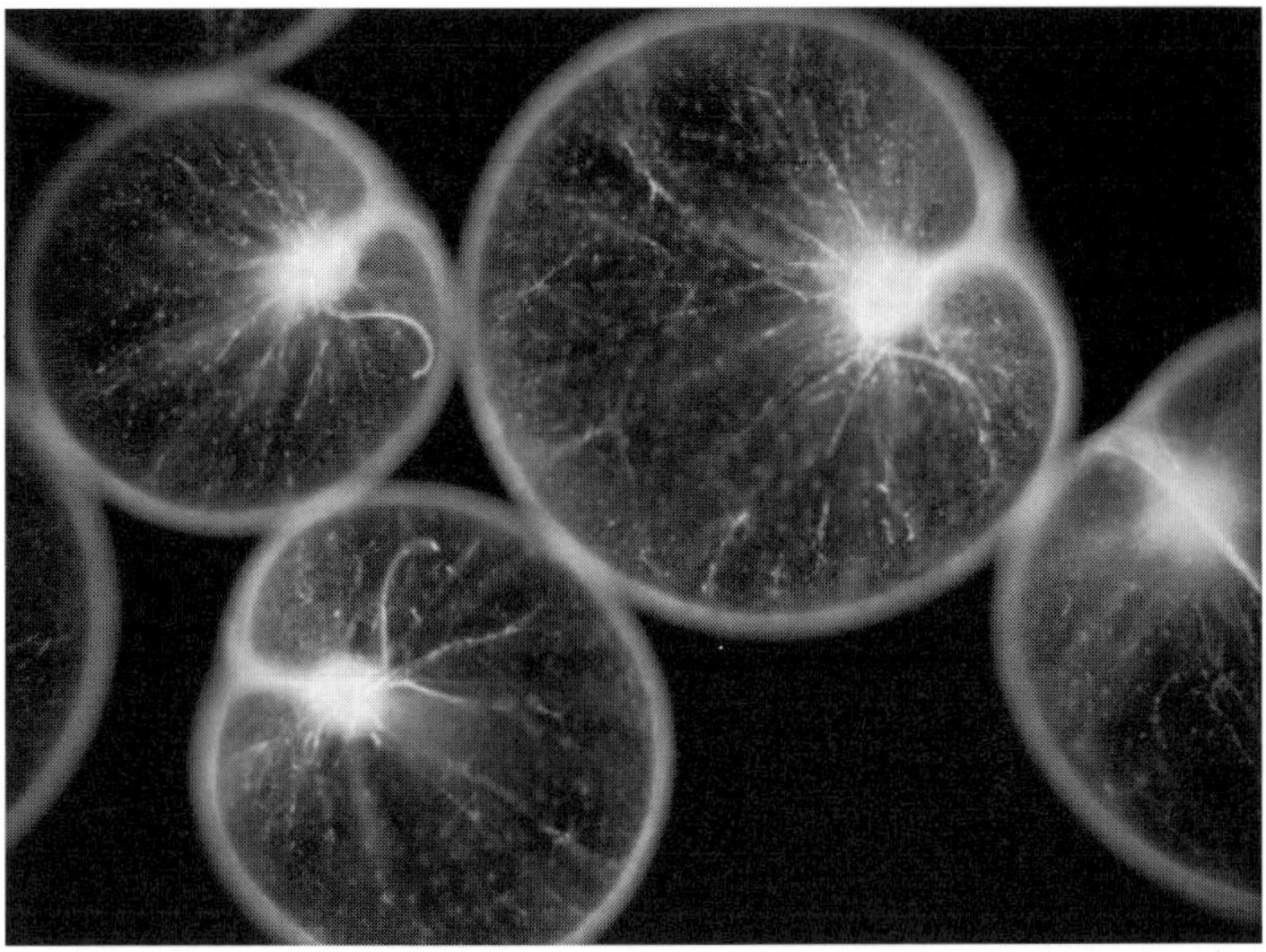

最も豊富に見られる発光性渦鞭毛藻、ヤコウチュウ（*Noctiluca scintillans*）。Photo by Wim van Egmond.

次のように所感を述べている。「フロイト流の考え方をするなら、思いやり深く養ってくれる雌の体内深く包み込まれた、ハートを持ったペニスとしての夢のような生涯に抵抗できる雄がいるだろうか？」[13]【口絵4】

海洋で最も目立つ発光生物は、渦鞭毛藻という単細胞動物である（名前はこの動物が水中を進むために使う糸のような付属物を描写した、ギリシャ語の「渦巻く鞭毛」に由来する）。最大の渦鞭毛藻ヤコウチュウ（*Noctiluca scintillans*）は、単細胞生物の中でも格別大きく、差し渡しが一ミリに達し、肉眼でもどうにか見える。海産の渦鞭毛藻類は少なくとも一八〇〇種あり、一般に一まとめにして浮遊性藻類とみなされているが、なかには半分動物で半分植物のようなものもある。彼らは日光を浴びてエネルギーを獲得できる葉緑体をもちながら、摂食チューブで他の細胞をすする貪欲な捕食者でもある。渦鞭毛藻には赤潮など、魚の大量死を引き起こす毒を生成するものもある。渦鞭毛藻の光は、単細胞内の至る所に散らばったシンチロンと呼ばれるミクロソームから発せられ、それらが船の航跡を輝かせ、月のない夜の浜辺に打ち寄せる波をきらめかせる。渦鞭毛藻が光るのは主として平穏を乱されたときで、発光は捕食者を知らせる警報として作用している。また、彼らや海に住む他の発光生物によって、暗い海は生物発光の地雷原と化し、どんな動きも光を誘発するので、待ち伏せする捕食者に地雷原中の獲物の位置を教えてしまうことにもなる【口絵5】。

発光性渦鞭毛藻を極端に高濃度で含む海域もある。プエルト・リコのヴィエケス島にある光る湾の海水は、大さじ一杯に六千個に近い渦鞭毛藻を含み、外洋の何百倍にもなる。このため、湾で泳ぐ人たちを囲む輝く光のショーが見られる。チャールズ・ダーウィンはＨＭＳ（イギリス海軍艦艇）ビーグル号に乗船中、渦鞭毛藻の壮観なショーを目撃した。「ある非常に暗い夜、ラプラタの少し南を航行しているとき、海はこの上なく美しい不思議な光景を展開した。昼の間は泡立っていると見えた海面全体が、疾風の中で青白い光に包まれた。船は舳先の前の燐光の波を二つに押し分けて進み、乳白色に輝く航跡を長く引きずった。見渡す限りの波頭は輝き、水平線上の空はこの青白い炎の輝きを映して、頭上の漆黒の空のほどには暗くなかった」[14]。

ダーウィンが記したように、夜の海を航行する船は水をかき乱し、その航跡はきらめく光のショーの舞台となる。しかしこのようなショーの見物がどれほど素晴らしくとも、海軍の軍人には嫌われた。夜の航行で生じる生物発光は、軍事行動にとっていくつもの問題を引き起こすのだ。第一次世界大戦中、ドイツ軍の潜水艦（Uボート）ドイッチラントの司令官は、船の周囲の発光が非常に強いため、水平線上の物体の識別がほとんど不可能だった夜のことを記述している。「海からの燐光が大いに見張り番のじゃまになった。一人はほとんど目がくらみ、痛みを感じ、漆黒の闇の中の波の絶え間ないきらめきのために視力は不安定になった。我々は既に多くの汽船のルートが交差する領域に達しており、警戒を強める必要があったので、これは非常に厄介だった[15]」。

第二次世界大戦ののち、旧ソ連の海軍は海洋での生物発光が軍事行動にどのように影響するかを密かに調べた。同国の著名な海軍将校ニコライ・イワノビッチ・タラソフが調査の先頭に立ち、生物発光が夜間の航行に対して与える撹乱の影響について、一九五六年に次のように記している。「船を取り巻く水域の発光は、それ以外の海面、水平線、空と沿岸の監視を妨げる。実際に、明るく発光する海を移動している船からは、コントラストがきついために、明るさの乏しい遠方の領域は闇にまぎれてしまい、識別するのは難しい。海からの発光と遠くの船や沿岸の駐屯地の明かりとの競合は、誤認の原因となることが多い。背景の光が強くなるので、海の発光は視程を短くする[16]」。

潜水艦の乗組員は、標的に向かう魚雷の行路の追跡に、発光する軌跡を利用することが多い。しかし生物発光は敵に艦の位置を教えることにもなる。一九一八年一一月九日、地中海のジブラルタル海峡の近くで、英国の偽装軍艦は水面下に大型の光る物体を認め、七六ミリメートルのミサイル三本を発射し、対潜爆雷を連射した。この大型の光る物体はドイツの潜水艦U-34だった。「海の燐光が非常に強かったので、水面下で光るU-34の動きははっきり見えたのだ」とタラソフは書いている。[17] 所在を突き止められてから三〇分でU-34は撃沈された。第一次世界大戦で活躍した、ドイツの最後の潜水艦のあえない最期だった。

第二次大戦中、艦上発進のパイロットは、夜間に船の位置を突き止めるために航跡によってかき乱された長く尾を引く発光をよく利用した。大戦後も、特に有名な事件が『アポロ13』(*Lost Moon*)に書き留められている(映画『アポロ13』にも描かれている)。不運な月面探査船アポロ13に乗り組んでいた宇宙飛行士ジェイムズ・A・ラベルは、かつて渦鞭毛藻の生物発光によって救われたことがあった。一九五四年二月のこと、海軍のパイロットだった彼は、日本の沖合で航空母艦から夜間の訓練飛行を行っていた。暴風雨の中を空母シャングリラから飛び立ったとき、方向探知機が正常に機能せず、誤った方向へ飛行してしまったうえ、追い討ちをかけるように計器パネルが突然ショートしてコックピットの明かりがすべて消えてしまった。

ラベルの心臓は早鐘を打ち、喉はからからになった。機外の漆黒の闇が一気に機内に押し寄せ、周りを見回しても全く何も見えなかった。酸素マスクをむしり取ると、操縦室の空気をひと息、ふた息、大きく吸い込み、ペンライトを口にくわえて計器を照らした。小さな懐中電灯からの一ドル銀貨大の光線が計器盤を横切って踊り、針やダイヤルを一度に一つずつ淡く照らした。彼は計器の表示をできる限り確認すると、再び座席の背もたれに体をあずけて、次に何をすべきかを考えた。

ペンライトを口からはずしてスイッチを切り、あらためて暗闇をくまなく見渡した。すると眼下の黒い海面のおよそ二時の方向に、かすかな緑がかった光がちらちらと尾を引いているのが見えるように思われた。神秘的な輝きはかろうじて見える程度で、もしコックピットが真っ暗でなく、ラベルの眼が闇に慣れていなかったら全く見逃してしまっただろう。この光景に彼は心を躍らせた。この不思議な光が何なのかがはっきり分かったからだ。燐光を発する無数の藻類が、巡航する空母のスクリューによってかき回されて光を発しているのだ。回転するプロペラは水中の生物を発光させることがあり、これが行方不明の船を見つける助けになることをパイロットたちは知っていた。しかし、迷子の飛行機を安全に帰艦させるには、これはほとんど頼りにならない、命賭けの方法だったが、ほかに手段が全くない今、一縷の望みだった。ラベルはこれに賭けるしかないんだと自分に言い聞かせると、運を天に任せてかすかな緑色の航跡を追って急降下した。[18]

海軍はこのような経験ののち、戦時には発光プランクトンの海洋分布の予知が戦略的に必要であると気づいた。ラベルのように利用するだけでなく、船長が発光海域を避けて、船の所在位置をくらませるようにするためである。原子力潜水艦の戦略上の強みは、一度に何ヵ月間も浮上せずに潜り続けて所在を隠せる能力であるのだが、冷戦中に衛星による高度な偵察が可能になり、発光藻類からその所在が簡単に突き止められるようになった。衛星は海上で擦った一本のマッチの光さえも検出できる。海軍は夜間の海上作戦が危険にさらされないように、生物発光の地図を作り、発光を制しようとする積極的な計画を実行し始めた。しかし、いつどこに発光生物が集まるかを予知するのは難しい。一九九一年の湾岸戦争初期のこと、ネイビーシールズ(海軍特殊部隊)は緊急避難用の綱を後ろに引きずりながら密かにクウェート海岸へ向かって泳いだ。敵地上陸後に海面を振り返った彼らは、綱が青く光っているのを見てギョッとした。何百万もの発光性渦鞭毛藻が速い潮の流れに乗って動き、綱に当たっては青い光のパルスを出していたのだ。もし海岸に敵の見張りがいたら、我々のチームは格好の標的になっていただろうと、シールズの一人はのちに語った。[19]

シールズは、狙った敵に向けて密かにチームを潜水輸送するように設計された輸送潜水艇(SDV)も利用する。SDVを使った夜間作戦計画では、七種類の「重要な気象学と海洋学の限界値」を考慮する。水流、波の高さ、潮汐、水質と水温、月の明るさ、生物発光である。生物発光が原因となって「一〇フィート潜ったSDVが周囲の光により発覚」するようであれば、シールズは潜水艇を使わない。[20]

海軍にとって生物発光の検出は非常に重要なため、海軍ONR(the Office of Naval Research)

はフロリダ州フォートピアスのハーバーブランチ海洋研究所の生物発光課が行う多くの研究に資金を出している。課の主任のイーディス・ウィダーは、海洋の生物発光を検出、観測、定量する機器開発の第一人者である。彼女の発明品は発光の定量だけでなく、その光を出している生物種の特定までできる。海軍はこのような装置を夜間の作戦行動に先立って利用し、生物発光による障害を予見している。

ウィダーの装置は、渦鞭毛藻よりかなり大きなクラゲやサルパ類なども含めて、すべての光る生物からの発光を観測できる。もう一人の調査官マーク・モリーンは、カリフォルニア州立理工大学の生物発光の研究者で、小さい動物に対象を絞っている。二〇〇一年、生物発光についての海軍の会議に出席していたモリーンは、元シールズ隊員であった海軍大尉がクウェートでの光る渦鞭毛藻との遭遇について詳しく語るのを聞いた。「彼の眼が懸念の色を浮かべているのを見て以来、この問題にさらに精力を割き、かつ科学に基づいて集中的に取り組んだ」とモリーンは語っている。現在、サン・ルイス・オビスポの彼の研究室では、沿岸での主として渦鞭毛藻の発光を予知するための、リモートコントロールによる潜水作業艇を設計している。プロペラで動くこの魚雷型の艇は、水面下を静かに滑るように移動し、波の打ち寄せる浅い海での生物発光を高感度で測定するのだ。

第2章

海のホタル

生物発光研究はラファエル・デュボアが行った仕事によって基礎が築かれたが、世に広めたのはエドマンド・ニュートン・ハーベイだった。著名な生物発光研究者であり、かつてハーベイの弟子でもあったフランク・ジョンソンはこう説明している。「誰も一個人では研究所を作らないとは至言だが、もしそれが本当なら、この法則の例外として、エドマンド・ニュートン・ハーベイは存命中に、あと一歩で設立するところまで来た（…）生物による可視光の放射という不思議な自然現象の理解に、包括的かつ学究的に貢献したという点では、彼の右に出るものはいなかったし、これからもいないだろう」[1]。

ハーベイは一八八七年一一月二五日、ペンシルベニア州フィラデルフィア郊外のジャーマンタウンの大きな石造りの家で生まれた。牧師だった父は彼が六歳のときに亡くなり、その後は母と三人の姉たちに育てられた。子供時代のハーベイは生き物とその分類学に愛着を持ち、よく家の周りの数エーカーの土地を掘り返して昆虫を探した。彼は「ありとあらゆる自然物」を集めて、骨格を自分の部屋に陳列することで有名だった。カエルを風呂桶で飼って春に卵を産ませても家族は黙認し、彼の博物学に対する興味を育んだ。彼は自然界を自分の大切な場所と考え、日曜日に教会にいると「落ち着かず」、「外で採集をする」欲求に駆られたと思い起こしている[2]。

一九〇五年にジャーマンタウン・アカデミーを卒業したのち、近くのペンシルベニア大学へ入学した。彼は科学的追究に夢中だったので、クラスや研究室内での付き合い以外の社会活動にはほとんど参加しなかった。彼はのちに「私は科学だけに興味があったので、他に何もいらないと思っていた」と回想している。[3] 大学では細胞形態学と生化学を学び始めた。他の時間は、近くの自然科学博物館で、多足類の中の一万三千種の節足動物の一部を調べて過ごした。これが彼に「ムカデ類の国際的な権威になる」という最初の大望を抱かせた。ハーベイは室内に拘束する大学の授業に不平を唱えた。「風通しの悪い臭い更衣室で、汚くて臭い体操服に着替えて、換気も十分でない固い床の殺風景な大きな部屋へ上がって行って、インストラクターの命令どおりにダンベルを押し上げなきゃならないことほどばかばかしいことはない。私は森や丘を長時間歩き回って過ごす、根っからのアウトドア派だったのだ[4]」。

一九〇九年九月、ハーベイはニューヨーク市に移り、コロンビア大学のトーマス・ハント・モルガンのもとで博士論文のための研究を始めた。モルガンは発生学者であったが、当時はキイロショウジョウバエ（*Drosophila melanogaster*）の遺伝学へと研究を広げ始めていた。ハーベイが研究室に加わった年に、モルガンは一匹の雄のハエに他とははっきり異なる変異を見つけた。白眼のハエである。モルガンは好奇心を掻き立てられて、白眼の雄のハエを正常な赤眼の雌と交配したところ、子のすべては赤眼だった。この世代どうしを交配させてできた第二世代の一部は白眼だったが、それらはすべて雄だった。彼はこの奇妙な現象を説明するために、このような形質の遺伝子はX染色体上にあると仮定した、伴性形質の仮説を展開した。一九三三年にノーベル賞を受賞することになったモルガンのこれらの業績は、現代遺伝学の礎石とみなされている。彼の遺伝の染色体説は生物学を一変させ、彼の研究室は米国の有力な古典遺伝学者を輩出することになったのである。たとえばヘルマン・ミュラーは、X線がショウジョウバエに変異を引き起こすことを発見して、モルガンの一三年後にノーベル賞を受賞した。

ハーベイがコロンビア大学に来たとき、モルガンの興味は発生学と遺伝学の両方に広がっていた。ハーベイはこのような幅広い興味に圧倒された。

　モルガンの講義にはときどき実験や実演が追加された。ある日、光に対する行動や反応を見る実験のために桶いっぱいのカエルが持ち込まれたのを覚えている。カエルたちは光線の方向に対して何らかの行動を取るはずだったのだが、その日はどのカエルも思うようにならなかった。光線の中へ置いても、動こうとせず、刺激するとおかしな方向へジャンプした。動物の行動研究は未知の変数が多すぎて、自分が追究すべきテーマではない、やはり単細胞生物に専念した方がよいと思った。単細胞でも複雑なことに変わりはないが、脊椎動物の成体ときたらその比ではないのだから。[5]

　このコメントは二〇世紀に人気を得てきた還元主義者の視点を反映している。生命の複雑さがますますはっきりしてくると、全体で何が起きているかを理解するには、その前に、その系を構成するもっと小さな要素を理解する必要があることが分かってきた。つまり、動物の行動のような過程を理解する前に、細胞レベルで何が起こっているかを理解することが必要だというのだ。

このことを念頭において、ハーベイはモルガンの研究分野とは大いに異なる、細胞の透過性の研究をしようと決意した。彼は二年のうちに細胞膜の性質について詳述した博士論文を仕上げた。[6]その直後、プリンストン大学の規模を拡大していた生物学科に教官として招かれた。当時まだ二三歳だった彼は、よく学生と間違われた。

当初彼は、田舎風の大学町やプリンストン大学の静かな雰囲気を、全く刺激的でないと思った。一九〇〇年代初期には、プリンストンではもっぱら人文科学に関心が集まっていたのだが、ハーベイは「哲学的な方法は明確さに欠ける」ので、このテーマには特に興味を持っていなかった。しかし彼はこの新たな環境で「最後までやり抜こうと決心した」と述べている。[7]彼はニューヨークでの仲間や日常生活が恋しく、孤独だったので、主に人文科学のさまざまな分野の指導者の集まりであるプリンストン独身者クラブに加わり、それまでだったら決して参加しなかったと思われるテーマの夜間講義にも参加した。彼は未経験の思想の世界に触れながら、無関心のままだった。「母は、すべてのことに対して完全に正直であり、特に不誠実や偽善を嫌うようにと教えた。多分それだから私は政治に興味を持てないのだろう」。[8]

プリンストンでもハーベイは細胞膜の構造と透過性に的を絞って研究を続けた。一九一〇年代には、細胞の外側を覆う細胞膜の構造はあまり分かっていなかった。膜構造の研究は、彼の研究室のジェイムズ・フレデリック・ダニエリ研究員と共に行った画期的な研究の発表で頂点に達した。この論文とこれに続くダニエリによる論文で提唱されたモデルは、細胞膜を最初に正確に記

寒天平板培地で増殖中の発光細菌（*Vibrio harveyi*）。
Photo by J. Woodland Hastings.

述したものと広く認められている。[9] 当時は、すべての細胞は内部の成分を厳しい外界から隔てる泡の中に閉じ込められて保護されていると考えられており、外側にあるこの膜は油性物質であることが分かっていた。ハーベイとダニエリは、細胞膜は石鹸のような分子からなる薄い膜がたった二枚、ホットケーキのように積み重なってできていることを突き止めた。いわゆる脂質二重層である。それぞれのホットケーキには水性と油性の二種類の面があり、二枚が重なる時は水性側を外側に向け、油性側を内側にして向き合う。ダニエリはのちに、膜にはタンパク質も存在して、大きなブルーベリーのように二重層に埋め込まれていると提唱した。これらの膜タンパクは選択的なトンネルとして働き、細胞に出入りするものを調節している。脂質二重層は現代の細胞生物学の根幹をなすものの一つである。

一九世紀の博物学者精神を持つハーベイは、珍しい場所への広範な「発見の旅」を行い、不思議な生物を研究、分類した。彼の記述が第一報となって、その生物が科学の世界で認識されるようになることも多かった。ムカデ（*Pselloides harveyi*）、発光細菌（*Achromobacter harveyi* と *Vibrio harveyi*）、ホタル（*Photinus harveyi*）など、数種類の生物がのちに彼の名にちなんで命名されたことは、彼の影響力の大きさを物語っている。

ダーウィンのビーグル号での航海の成果に匹敵する一連の探検で、ハーベイはアメリカ領サモア、ハワイ、キューバ、日本、朝鮮、満州、フィリピン、シンガポール、バタビア、スマラン、スラバヤ、バリ島、ロンボク島、スンバワ島、マカッサル、アンボイナ島、バンダ諸島を訪れた。一九一三年に出かけた旅が、彼の科学者としての人生を永久に変えることになった。ペンシルベニア大学の元教授であったアルフレッド・メイヤーと共に南太平洋へ向かい、オーストラリアのグレートバリアリーフ、タヒチ、ラロトンガ、ウェリントン、シドニー、ブリズベン、タウンズビル、ケアンズ、木曜島とマレー島を訪れた。この旅行のどの時点で彼が生物発光に惚れ込んだのかははっきりしない。「ホタルの発光物質の化学的性質について」と題する、彼の生物発光に関する最初の論文は一九一三年に出された[10]。しかし一九一六年の日本へのハネムーンの間に一生の虜になったのは確かだ。東京から六〇キロメートルほど南にある三崎臨界実験所の周りの海で夜中に泳いでいたとき、小さな発光甲殻類（*Cypridina hilgendorfii*）に魅了された。この動物は日本の浅い海に豊富で、地元ではウミホタルとして知られている。この食欲旺盛な腐食動物は海の底を素早く動き回り、動物が死んで沈んでくるのを待ち構えている。ウミホタルの小集団は、丸ごと一匹の魚を数時間で食べ尽くす。自分たちより何倍も大きなエビでも活発に襲う。幸いなことに若い花嫁エセル・ニコルソン・ブラウンは、結婚の三年前にコロンビア大学から、水生昆虫の雄性配偶子の研究で生物学の博士号を取得したばかりで、夫が海の生物に夢中になるのに理解を示した。彼女はのちにウニの発生学の研究に専念した。[11]

ハーベイは日本を離れる前に、この発光甲殻類を大量に収集し、乾燥させ、プリンストンに送る手はずを整えた。ウミホタルは乾燥して長年保存しておいても、水を加えて湿らせるとたちまち光り輝くので、「発光の生化学的研究に最高に適した［生物］である」と彼は考えた。[12]

エビやカニの親戚であるウミホタルは、ゴマ粒ほどの大きさで、ちょうつがいで連結されたような二枚の背甲が体を守っている。主に夜間に活動し、そっとしておけば弱い青い光しか出さないが、追われると素早く逃げ、強い青色光を噴出し、大きく広がる発光する雲を作り出す。光る排出物は数秒間水中に漂って煙幕として働き、追跡する捕食者を混乱させ、ウミホタルはその間に逃げる。[13] 雄のウミホタルは小さな発光雲も排出し、配偶者を引きつける。日本の周りの磯では、たそがれには雌のウミホタルは夜ごとの光のショーを見に浅い海底に集まる。すると雄のウミホタルは水面までまっしぐらに上昇し、その間に青く輝く物質の小さな雲を断続的に噴出する。発

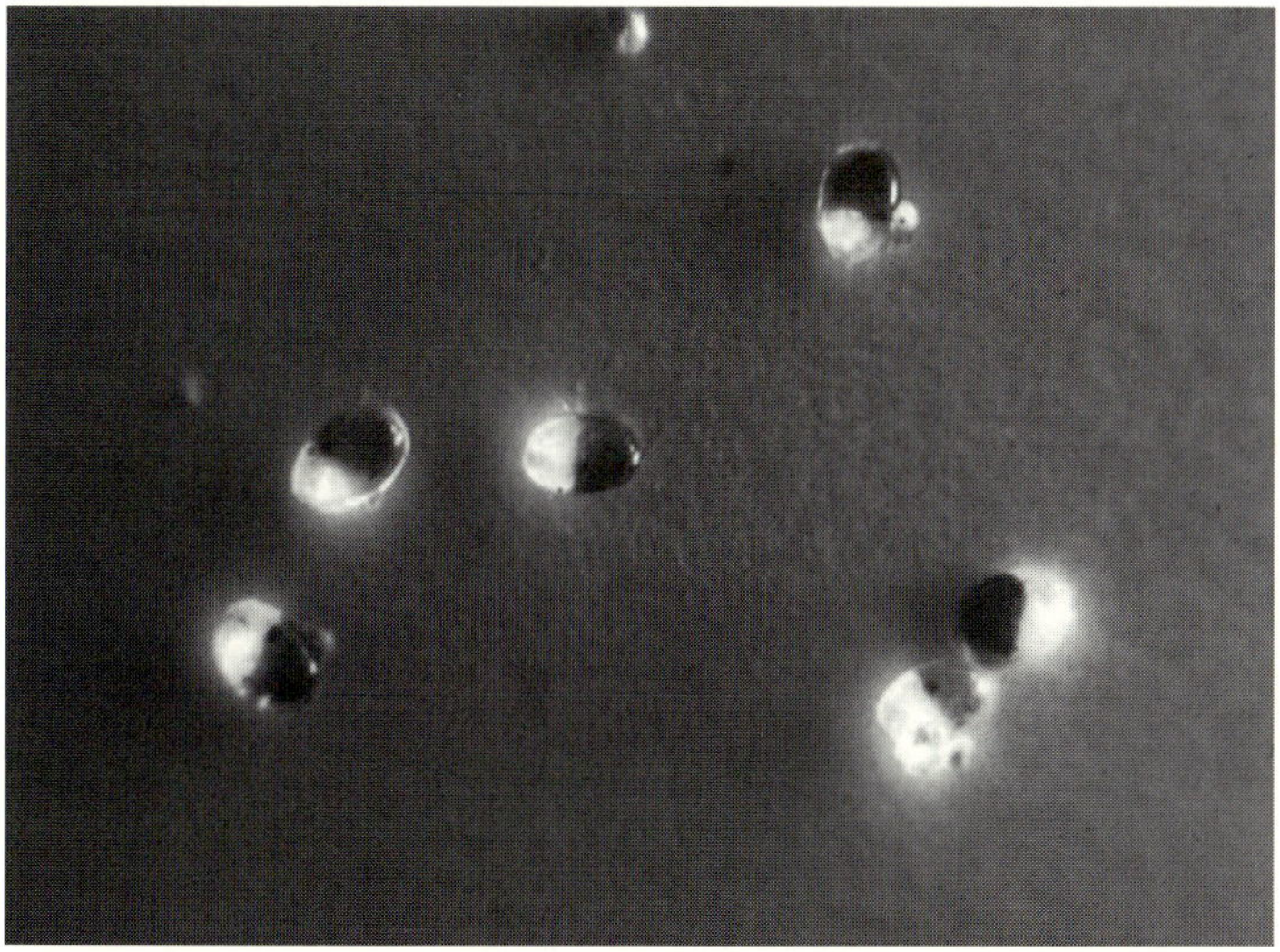

発光する貝虫類ウミホタル（*Cypridina*）。写真撮影：後藤俊夫。

光物質は泳いだ道筋に留まり数秒間光り続ける。その結果、連なった真珠の輝きにも似た光る軌跡がたくさんできる。何百匹という雄が参加するので、水中には目を見張るような光景が展開する。「真珠」どうしの間隔は種に特異的で、魅了された雌は真珠の粒をたどって待ち受ける雄を見つけ出す。

一九四〇年代、日本軍は太平洋戦域のニューギニアその他の戦場で、ウミホタルを道具として用いる計画を立てた。[14]日本兵は南太平洋のジャングルを月のない夜に長距離行進する際、敵に居場所がわかってしまうので懐中電灯が使えず、お互いが見えずに苦労した。この計画は、乾燥ウミホタルの小瓶を部隊に配り、兵士らがすぐ前を行進する兵士の背中に少量の発光動物をなすり付けることになっていた。こうすると互いに五、六メートルの距離を保ちながら、真っ暗な小道を迷わず進むことができる。また、懐中電灯の光が安全を脅かすような状況下では、地図を読むのにもウミホタルの薄暗い光を利用する計画を立てた。フランク・ジョンソンは「この粉を手に少しつけて唾で濡らすと、疑われる可能性もなく十分地図が読める明るさになったと、ある兵士は断言した」と書いている。[15]第二次世界大戦中、何百キログラムものウミホタルが日本の役人、学生、ボランティアによって集められた。収集の一部は、これより二、三〇年前にハーベイが集めた三崎臨界実験所とは東京湾を隔てた館山で行われ、ハーベイの収集のために考え出された技術が軍隊のための収集にも用いられた。大きな魚の頭を糸で結び、浅い海の砂地の海底に沈める。二時間も経つと魚の頭にウミホタルが群がり、肉を食べる。ボロボロに食われた頭を水面に引き上げると、ウミホタルは「簡単に集められた」とハーベイは記している。[16]これらを天日に干してから軍隊に送った。アメリカの潜水艦が日本の輸送船を沈めたため、乾燥粉末の多くは輸送中に失われ、ウミホタルが実際に戦争で使われたかどうかは定かではない。また、多湿な熱帯性気候により、一部はじきに役に立たなくなったことも報告されている。[17]

ハーベイが新婚旅行から戻ってみると、六八歳になっていたラファエル・デュボアが、フランスのタマリスーシュルーメールにある彼の研究室から砂糖漬けにしたニオガイの水管の壜を送ってきていた。[18] ハーベイは自分が研究人生のほとんどの時間を費やして、デュボアの生物発光の研究を確認・展開することになろうとは、その時は気づいていなかった。フランク・ジョンソンが記しているように、ハーベイは「ルシフェリンールシフェラーゼ系の存在の証拠を、彼が捕まえることのできたほとんどすべての型の発光生物について、根気よく探した[19]」。

生化学的な見地から見ると、生物発光は一九〇〇年代初期には科学者にとって魅力的なテーマだった。高価な機器がなくても、二種類の試薬（熱水抽出物と冷水抽出物）を混ぜ、放射される光の量を測るだけで、化学反応の速度を測定できる。ハーベイはじきに、数種類の発光生物でルシフェリンやルシフェラーゼに類似した成分を発見した。アメリカ産のホタル（*Photinus* と *Photuris*）、日本産のホタル（*Luciola*）、バミューダの発光ゴカイ（*Odontosyllis*）、ウミホタル（*Cypridina*）である。ハーベイは別の種からのルシフェリンとルシフェラーゼが交換可能なことを証明して、すべての発光動物が共通の祖先から進化したことを示したかった。彼は近縁種のホタルのルシフェリンとルシフェラーゼを混ぜても発光することを発見し、この考えを支持することに成功を収めたかに思われた。弱冠二八歳だったハーベイはこの発見によって奮い立ち、『サイエンス』に論文を発表し、その中で自信たっぷりに宣言した。「一般的には、これで生物発光の問題は、少なくとも大まかには解決したと言ってよいだろう。しかしまだ解明すべき多くの詳細なことが残っているので、それらが完了するまでには時間がかかるだろう[20]」。この意見の前半は非常

エドマンド・ニュートン・ハーベイとその妻エセル・ニコルソン・ブラウン・ハーベイ。プリンストン大学にて。Courtesy of Princeton University Library, Princeton, New Jersey.

に考えが甘いが、後半の予言は正しかった。生物発光の多くの詳細については未だに発見されていない。

その後三〇年におよぶ研究によって、ハーベイは別の動物由来のルシフェリンとルシフェラーゼは交換可能ではないことを認めざるを得なくなった。これは生物発光が数種の異なる動物で別々に進化し、したがってその果たす機能もさまざまであることを示唆していた。ルシフェリンやルシフェラーゼに構造上の大きな差異が発見されて、動物が異なると発光器官にも大きな違いがあることも示された。これらの意外な実態が明らかになって、ハーベイは晩年に次のように述懐している。「発光が進化の道筋に沿って発展してきたという明瞭な証拠は発見できず、むしろあちこちにひょっこり現れているようだ。まるで、さまざまな生物群の名前を黒板に書いて、そこに一握りの湿った砂を投げつけて、砂がくっついたところに発光する種が出現するような具合だ」[21]。

彼は長い研究生活の中で、繰り返しウミホタルに立ち戻った。一九五〇年代には、ウミホタルのルシフェリン－ルシフェラーゼ反応の化学的性質を解明しようとした。生物はどんな化学反応によって熱を伴わずに光を生じることができるのだろう。分かっているのは、ルシフェラーゼが触媒であり、ルシフェリンが燃料であることだけだった。化学的性質を解明するためには、まず両成分を精製する必要があった。彼は数名の著名な有機化学者（ルーパート・S・アンダーソン、オーリン・チェイス、ハワード・メーソン、フレッド・ツジ）に、プリンストンでウミホタルのルシフェリンを濃縮・精製する方法の開発に加わってくれるように協力を求めた。しかし、これはハーベイが新たに招集したグループにとって困難な仕事となった。乾燥したウミホタルをすりつぶして水と混ぜると、信じられないほど明るい光を放つのに、一匹に含まれているルシフェリンとルシフェラーゼはどちらも微量で、重さにして百万分の一ほどしかない。その上、ルシフェリンは酸素の溶け込んだ水溶液中では非常に不安定なのである。

既に一九三五年に、プリンストンのグループはウミホタルのルシフェリンを部分精製する方法を考案していた[22]。この方法によって精製した抽出物は、同重量の乾燥ウミホタルと比べてルシフェリン活性が二千倍強かった。しかし一九五〇年代には、生化学者たちは濃縮した試料では満足せず、結晶を生じるだけの十分に純粋な溶液を求めた。ある物質の純粋な溶液が臨界閾値以上に濃縮されると、分子は集まって規則的な格子を作り、純粋な結晶配列となって溶液から析出する。「ルシフェリンとルシフェラーゼの性質を解明するために、不純な粗溶液に対して行った化学実験の多くはほとんど価値がない。のちに部分精製された試料で行った研究から、ウミホタルの粗抽出液中のルシフェリンとルシフェラーゼは精製されたものとは非常に異なった反応をすることが示された」とハーベイは解説した。[23] プリンストンの化学者たちはルシフェリンの濃縮溶液を作ったが、結晶が得られるほど純粋にはならなかった。ハーベイの研究室は四〇年間にわたって、生物発光成分を純粋にまで濃縮しようと試みたが成功しなかった。

プリンストンでの四五年間も終わりに近づいた一九五〇年代の末、ハーベイはこれらの成分が精製できないことや生物発光の化学を次の段階に進められないことに幻滅を感じていた。生物発光の生じる仕組みについての基本的な問題さえ解明できていなかった。また、どんな種類のルシフェリンやルシフェラーゼも単離できず、真の化学的性質も突き止められなかったので、これらの成分がタンパク質なのかそれとも何かほかの分子なのかも分からずじまいだった。彼は科学研究の最後の数年は、おそらく失意の中で、『最初期から一九〇〇年までの発光の歴史』と題する非常に詳細な六九二ページの著作に打ち込み、異常なほどこと細かく発光について記載した。[24] プリンストンの生物学科の同僚だったフランク・ジョンソン教授は、「デュボアの時代から、最終的な精製ということ自体が主要目標の一つだったが、この時点では、精製の必要性はこれまで以上に差し迫っていた」と述べた。[25] 成分を精製しないことには、光を生ずる反応の動力学や性質は研究できなかったのだ。

しかし救いは近づいていた。一九五七年、ウミホタルのルシフェリンの完全な精製は、独自に研究していた無名の日本の科学者の手で成し遂げられた。ジョンソンはこの発見の重要性を評して次のように書いている。「今や確実な進歩のための舞台が整った。さらに、三百年近い歴史の中ではじめて（一七世紀に時代の最先端を行っていたロバート・ボイル以来の）ひたむきな科学者が現れた。ややこしい問題の正しい答えを感じ取るまれな才能に恵まれ、疲れ知らずの精力と熟練した取り組み方で生物発光の研究に専念している。彼の名は下村脩である」[26]。

第3章

長崎の戦火から

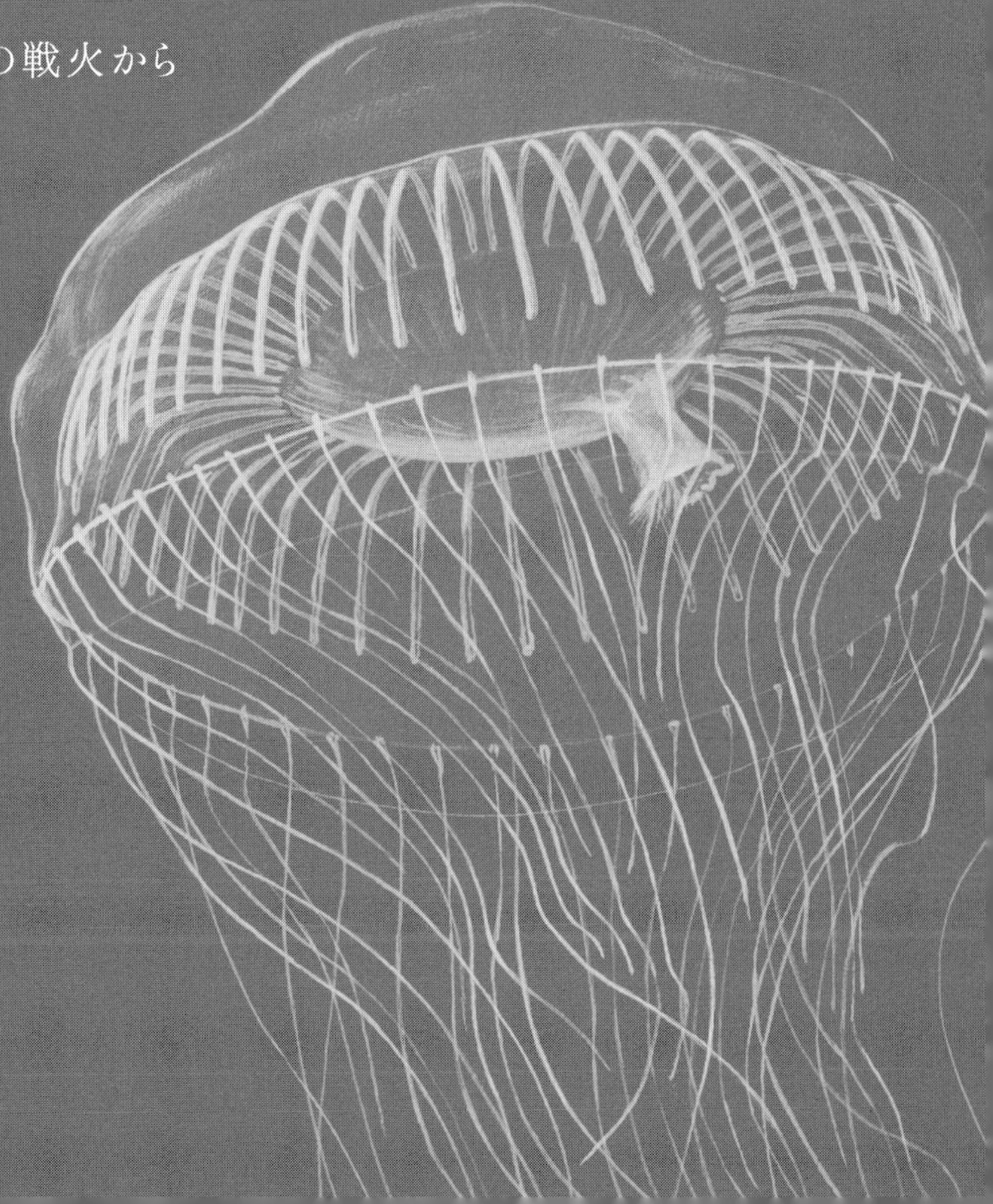

下村脩はモンタナ州北部のハイウェイ、ルート2を走る真新しい青いステーションワゴンの中に座り、グレーシャー国立公園の広大な山々をじっと眺めていた。ときは一九六一年の夏、フルブライト奨学金を受けた若い日本の生化学者であった下村は、この旅が嬉しかった。数日前、プリンストン大学からワシントン州のピュージェット・サウンドまで、アメリカ横断五千キロの車の旅に出たのだ。運転しているのは彼の大学でのボス、かっぷくのよい生物学教授フランク・ジョンソンで、独特のノースカロライナ訛りの日本語をしゃべった。出発の数日前に日本から到着したばかりの下村の妻、明美も同乗していた。前年、下村はプリンストンのナッソー通りの家具もあまりないアパートで一人暮らしをしていた。彼の家のわずかな装飾の一つは、玄関ドアに貼り付けられたウミホタルのルシフェリンの化学構造の手描きの絵だった。彼の住居は質素だったが、いつもきちんとした服装をしていたので、身なりからは想像できなかった。車の中で毎日一二時間も過ごす長旅のときでさえ、ボタンダウンシャツと、ネクタイと、カーディガンを着ていた。旅の目的は単純で、手の平サイズのクラゲの発光機構の謎を解くことだった。二、三ヵ月後に同じ道を通ってプリンストンへ戻ったときには、下村は生物発光の難問の一つを解くことになるばかりか、不思議な蛍光物質を発見することにもなった。その物質こそ、ゆくゆく生物学の全分野を照らし出すことになるものだった。

下村は日本の非常に困難な時代に成年に達した。第二次世界大戦中に陸軍大佐の息子として育ち、転勤の多い生活を送った。佐世保から満州、大阪、そして最後に一九四四年の七月、長崎の周辺の静かな農村、諫早へ移った。家族が諫早へ落ち着いたとき、彼は一五歳だった。タイに駐留していた父は、日本の戦況が日に日に悪化して行くのを悟り、激しさを増してきたアメリカの爆弾攻撃の的になることを恐れ、家族に大阪から疎開するように促した。こうして下村は彼の母や祖父母と、長崎の中心街から一〇キロ離れた、多良岳を望む静かな田舎の小さな家に住むことになった。

一九四四年の九月、諫早中学での初日、生徒たちは戦争支援のため軍需工場で働かなければならないので授業はないと通達された。第二次世界大戦中に日本では当たり前のように行われた学徒勤労動員である。三〇〇人の生徒のうち半分は大村にある海軍飛行機工場での仕事に送り出され、残りの半分は長崎の造船工場で働いた。下村は長崎から約一〇〇キロ離れた大村の方へ割り当てられた。彼は八畳ほどの寮の部屋に、他の生徒六人とすし詰めで寝ることになった。食事は栄養の足りない粗末なもので、通常は家畜の餌にするような、米と麦と豆粕を混ぜた御飯が丼一杯のことが多かった。たまに味噌汁が一杯と、漬物と、魚か野菜のおかずが付いた。絶えず空腹だったことを彼は今でも覚えている。[1]

下村が大村で働き始めて一ヵ月も経たない頃、工場は高性能爆弾を積んだ約一〇〇機のB-29の標的となった。空襲警報が鳴り響くと、彼は級友らと建物から逃げ出した。途中で一瞬立ち止まり、空を見上げると、日に輝く爆撃機がきれいな編隊を組んで飛んでいる光景に圧倒された。爆撃機が火災と爆発の大混乱を引き起こし、工場を破壊し数人の級友を殺すのを目の当たりにして、彼の畏怖の念はすぐに恐怖に変わった。爆撃は急激に始まり、あっという間に終わった。残った生徒は再集合し、監督官たちの指示で、まだ燃えている格納庫に戻り、瓦礫に埋まった戦闘機を何とか助け出そうとした。損傷を受けた飛行機を炎の中から押し出しているとき、第二波の爆撃機が来襲し、マグネシウム爆弾を雨のように降らせた。最初にドイツのドレスデンに落とされ、強烈な熱を発して建物を燃え上がらせた、あの爆弾だ。第二波の爆撃が始まったとき、下村は飛行機を見捨てて、また命からがら逃げ出した。猛り狂う炎の間をジグザグに走り、近くの滑走路の脇の茂みに逃げ込んだが、またもや何人もの級友が逃げ遅れた。工場はもはや操業不能になったので、下村は諫早の祖父母の家へ帰らされた。彼はそこで、彼自身の言葉によれば人生で「最も悲惨な時代」を忘れようと努めた。

一九四五年のはじめ、米陸軍航空隊は日本の主要都市の大部分を壊滅させ、〔米軍の資料では〕三三万人を殺したと推定される。下村の父が家族を大阪から疎開させたのは、先見の明があったことになる。一九四五年三月一三日の夜の焼夷弾による大阪大空襲は六四平方キロを、生存者の言によれば「焦土」と化したのだから[2]〔大阪の資料によれば、三月一三日の空襲で焼けたのは二一平方キロである。六四平方キロは、その後の空襲も合わせた被害面積だと思われる〕。連合国の爆撃機は、全部で一六万八〇〇〇トンの爆弾を日本に落とし、そのうちの大部分の一五万三六二〇トンは、一九四五年の三月九日から八月一五日の間に落とされた[3]。

下村が諫早に戻ってじきに日本海軍は、長崎周辺の丘陵地帯に散らばった一〇棟の木造建築からなる目立ちにくい飛行機修理工場を建てた。下村は再びそこへ配属されて、エンジンの覆いや損傷した戦闘機の部品の修理をした。工場は彼の家からたった四、五キロの距離にあり、蝉の鳴き声に包まれた美しい田舎道を毎日歩いて通えたので、大村での仕事よりはるかに楽しかった。「最初は仕事の負担は重かったが、戦争で飛行機が失われていったため急速に軽くなった。おそらく神風特攻隊のせいだろう」と彼は回想する。

一九四五年の八月九日、諫早ではいつもどおりの蒸し暑い日が始まった。一六歳になっていた下村は、糊のきいた白いシャツに運動靴姿で仕事についた。午前一〇時五七分、生徒たちは敵の爆撃機の接近を知らせる、もはや慣れっこになった空襲警報のサイレンを聞いた。「我々は建物から飛び出して、防空壕には入らずに近くの丘に登った。これは規則違反だったが、それまでの多くの空襲の経験から丘の方が安全だということを知っていた」。彼は額に手をかざして、目を細くして薄青い空を見上げた。爆撃機の編隊が来るとの予想を裏切って、視界に入ったのはポツンとたった一機で、南へ一二キロ離れた長崎へ向かっているのを見てほっとした。爆撃機は高度を保ったまままわずか三個の白いパラシュートを落として飛び去った。揺れながらゆっくり地面に向かって落ちていくパラシュートは、降下兵を乗せているようには見えず、不思議に思った。下村と彼の仕事仲間たちはパラシュートを狙ったと思われるまばらな銃声を聞いた。その直後に別の爆撃機が同じ方向へ向かって頭上を通り過ぎていった。爆撃機がさしたる脅威を与えないのを見澄まして、下村は丘を駆け下りると仕事に戻ったが——続いて起こった一連の恐ろしい出来事を彼は回想して語る。「仕事を始めた瞬間、建物の中にすさまじい閃光が走った。あまり強烈だったのでしばらく眼が見えなくなった。一分と経たないうちに耳をつんざく爆発の轟音と強い圧力波が来た。空がたちまち雲で覆われるのが見えた。すべて、何が何だか分からなかった」。

午後遅くなって、この巨大な爆発が起こったのがすぐ近くの長崎であったことを知った。彼は仕事を切り上げ、祖父母の家へ徒歩で戻り始めた。その日は朝から晴天だったのが、変にどんよりした天気に変わっていた。家へ向かう途中で黒い雨が降り始め、周囲の田園地帯は不気味な黒い色に覆われた。雨粒は彼の白いシャツに染みをつけ、家へ着いたときには濃いねずみ色に変わっていた。祖母は山がちな田園地帯が押し寄せる黒雲に覆われるのに不安を感じて、汚れた服をすぐに脱ぐように彼に言った。「この雨の危険な放射能には気づかなかったが、体を洗い流して服を着替えた。夕方のラジオでは、長崎は三日前に広島に落とされたのと似た特殊な爆弾で攻撃されたこと、浦上地区は甚大な被害を受けたことが報道された」と下村は思い起こす。

翌朝彼が仕事場に着くと、諫早の飛行機修理施設の将校が、トラックに乗って長崎の人々を助けに行くようにと全員に命じた。長崎は山に囲まれた港町だったので、一九四五年当時にはそこへ行くには二つのルートしかなかった。単線の鉄道か、日見峠のトンネルを抜けて町の東のはずれに出る幹線道路である。しかしその日はトンネルが通行不能だったので、浦上への辺ぴな裏道を通り、まだ家々がくすぶっている場所へようやくたどり着いた。「しかし我々は突然、説明もないまますぐに引き返すように命じられた。監督官はその先の道が通行不能だと知ったのかもしれないし、強い放射線を察知したのかもしれないし、あの状況下では少年たちでは助けにはならないと考えたのかもしれない」。

長崎に落とされた原爆からの熱線が非常に強烈だったため、ビルや街路には写真のネガのような影が焼き付けられた。手押し車を押していた男の人は黒焦げになる前に舗装道路上にシルエットを残した。女の人のブラウスや着物の白い部分は熱を反射するが、黒い模様は入れ墨のように皮膚に焼き付けられた。[4] 下村が空から落ちてくるのを見たパラシュートには、爆発の強度を測ってさまざまなデータを爆撃機に送信する装置が付けられていたのだ。三日前に広島で記録された強度の二倍に近い、TNT換算で二二キロトンの強度を記録していた。[5] 下村の仕事を中断させた強烈な光は、一瞬で四万人の命を奪い、さらに四万人を負傷させ、[6] 六日後に日本軍の無条件降伏と第二次世界大戦の終結をもたらした。

終戦と共に下村の工場勤務も終わり、日本は大混乱に陥った。彼は何か生徒に対する指示が出ていないかと、学校に二、三日おきに行ってみたが、校舎は長崎から逃れてきた人々の仮設病院として使われていた。「何百人もの人々であふれ、多くは怪我をしたり火傷を負ったりしていた。収容されている人たちの名前が大きな白い紙に書かれて正門に貼り出してあったが、毎日多くの名前が棒線で消されていった。親族に引き取られたか、亡くなるかした人たちだった」。爆発から二週間後のかんかん照りの暑い午後、彼はまた生徒への指示を期待して学校へ戻った。正門に近づいてみると、半分以上の名前が消されていた。数人が押し黙って外の荷車に死体を載せていた。お棺が足りずに仕方なく間に合わせに死体にかぶせてある新しい筵から足が飛び出しているのを見て、下村の心は言い知れぬ苦しみに襲われた。彼が校門から中に入って行くと、「左側は広いグランドになっていて、そこでは数人が明るい日差しのもとで放心したように一歩一歩、非常にゆっくりさまよっていた」。近くへ行くと、コールタールのように見える黒い薬が彼らの火傷を覆っているのが分かった。一人のさまよえる人に近づいてみると、彼は背中全体が黒く、ところどころにいくつかの白い染みがあった。「それらが蛆虫であることに気づくのに一分ほどかかった……生身の人間の肉の上で孵化したのだ」。周りを見回すと、誰の体にも蛆虫がついていて壊死した肉にもぐりこんでいるのだった。「さまよえる人たちは精神的には死んだも同然だった。私はまるで真っ昼間に幽霊を見ているように感じて、強いショックを受けた。私の心は凍りつき、頭は真っ白になり、蝉の鳴き声は止んだ。この音のない光景は、それまでに見たどんな残酷な光景や陰惨な光景よりも、はるかに強烈に脳裏に焼きついた」。

マサチューセッツ州のウッズホールの質素な書斎で、二〇〇四年までの二年間に亘って行われた一連のインタビューで、下村は窓の外を眺めながら、六〇年近く前のこれらの出来事を鮮明に回想した。しかし彼は経験した戦後の激動期についてはほとんど語らなかった。戦争直後の数年に何をしたかと聞かれて「将来なんて選びようがなかった。ただ生きることだけで精一杯だった」と答えた。日本のインフラはひどく損なわれ、彼の学業記録は失われ、教師の大半は戦死した。実際、〔旧制〕中学の授業は学徒勤労動員のために犠牲にされた上、その後も再開されず、卒業はしたものの、内申書を取得できなかったため、戦争の後、彼の大学入学願書はすべて受け付けてもらえなかった。

〔爆心地に近かった〕長崎医科大学では八五〇人の医学生のうち六〇〇人が死亡し、残りの者もほとんどが負傷した。また、二〇名の教員のうち一二人は死亡、四人は負傷した。[7] 薬学専門部〔長崎大学薬学部の前身〕は諫早の旧軍事基地に移転してきた。下村は薬学は未経験だったがここに応募し、一九四八年についにこの仮設大学に入学を許可された。原爆ではほとんどの教授が死亡し、経験不足の代用教員が授業を受け持ったので、下村はほとんどの知識を独学で得た。三年後に卒業した彼は、日本で最大の薬品会社、武田薬品工業に応募したが、面接官は会社の仕事には不向きだと判断して不採用にした。

幸い、下村に分析化学を教えた薬学部の教官、安永峻五が実験実習指導員のポストを提供してくれた。安永は長崎大学で教えながら、京都大学からの博士号の取得を目指していた。下村は実験指導のほかに、安永の学位論文のための研究（分離化学）も多くの面で手助けした。安永の一九五〇年代初期の研究は、小分子の混合物を分離するさまざまな実験方法の開発が対象だった。このような分離技術を利用すれば、細胞から小さな分子を精製したり、合成した薬品を反応液から精製したりできる。下村と安永は、小分子のクロマトグラフィーによる分離について、八報の論文を共同で執筆し、すべて日本薬学会の雑誌『薬学雑誌』に発表した。四年の後、安永は下村の勤勉さと献身的な働きに感じ入り、学位論文に貢献してくれたことに対して報いなければならないと思った。一九五五年、安永は名古屋大学へ下村を同伴し、有名な生化学者であった江上不二夫に彼を紹介し、できれば彼の勤め口を得ようと考えた。

名古屋大学に着いてみると、江上は会合のために出張中であることが分かり、彼らをがっかりさせた。終戦後何年もたっていたが、電話は本格的には稼動しておらず、連絡はまだ難しかったのだ。化学教室を見て回っているとき、四〇歳の新任教授平田義正に出会った。平田はその六年前に名古屋大学から学位を取得したばかりで、身なりをかまわなかったため、ときどき学生と間違えられたりしていたが、天然化合物の単離と精製を目指した研究を楽しんでいた。

下村を江上教授に紹介しようとはるばる夜行列車でやってきたことを安永が説明すると、平田からは予想もしない答えが返ってきた。「いいとも！　いつ私の所へ来てもいいよ」。そう言うと、当惑して顔を見合わせている安永と下村を残して、忙しそうに自分の研究室へ戻って行った。平田は一方の耳が悪く、自分に会うために彼らが名古屋までやって来たと聞き違えたのだった。平田と親しくしている人たちは、何かを伝えたいときは良い方の耳へ大声で話しかけなければならないことを知っていた。

「君、どうする？」、建物の出口まで来たとき、困惑したようすで安永は尋ねた。「僕はかまいません。誰とでも一緒に仕事をします」、駅に向かって歩き始めながら下村は答えた。そして一ヵ月後（まだ長崎大学の薬学部に雇用されていたが）、彼は平田の研究室に現れ、国内留学の研究生として仕事を始めた。研究室での最初の日、平田は乾燥ウミホタルの入った大きなデシケーターを棚から下ろすと、一つまみ取り出して手のひらの上で砕き、水を加えた。その瞬間、その物質は青く輝き始めた。「これは、光るということ以外、何も分かっていないんだ」平田は発光反応の化学的性質に言及しながらそう言った。ウミホタルの生物発光の研究テーマはうまく行かない可能性が大きすぎるので、大学院生には決して与えないのだと説明した。彼はハーベイに率いられたプリンストン大学の科学者たちが、この反応の成分の精製を四〇年間続けても成功していないことを知っていた。しかし下村は研究生にすぎないので、豊富な材料を与えてこの研究をさせても失うものはないと平田は考えた。

平田は下村に、生物発光を引き起こす化学燃料であるウミホタルのルシフェリンを単離して調べるように言った。化学構造を決定するには完全に純粋なルシフェリンが必要だった。入手できる文献（主に英文）の他には何の助けもないまま、下村は与えられた課題に取りかかった。下村は平田と共に研究を始めたとき、ルシフェリンは触媒であるルシフェラーゼよりも［含量が］多いことを知っていたが、ルシフェリンがどんな種類の分子であるかは知らなかった。タンパク質か、糖か、核酸か、アミノ酸か、それともこれまで知られていなかった構造のものなのだろうか？

下村脩（左）と共同研究者の後藤俊夫は、名古屋大学でルシフェリンの最初の結晶化に成功した。『中日新聞』（名古屋）より、1956年3月ごろ。

下村は、今日の基準から見てさえ途方もない課題に立ち向かった。ウミホタルを作り上げている何万種類ものさまざまな分子の混合物から、ルシフェリンだけを単離精製しなければならないのだ。さらに悪いことにルシフェリンは極めて不安定で、酸素に出会うと急速に分解してしまう。すでにハーベイのグループは、ウミホタルのルシフェリンの部分的な精製方法を開発し、かなり濃い溶液を得てはいたが、結晶が得られるほど純粋ではなかった。反応の物理的・化学的性質を不純な試料を使って調べると、誤った結果を生じ、研究は袋小路に迷い込みかねなかった。

下村は一九五五年の春、ウミホタルからのルシフェリンの結晶化に着手した。ハーベイのグループが開発した既存の方法から始め、いくつかの改良を加えて、より高い収率と純度の溶液を得た。試料から酸素をきちんと除けば除くほど収率が高まることを見つけた彼は、すべての精製過程を水素雰囲気下で行うことによって、このやり方を徹底した。水素ガスには爆発性があるので、このような実験は非常に危険だった。一回の精製実験に、昼夜ぶっ通しで七日間の仕事が必要だった。下村は危険も顧みず、たゆまず努力を続け、一〇ヵ月の間にますます高純度の試料が得られるようになったが、それでもルシフェリンの結晶は得られなかった[8]。

ある日、またもや実験に失敗したことにがっかりして、下村は少量の高純度に精製したルシフェリンの溶液を強酸性にしたまま、実験台に一晩放りっぱなしにしてしまった。翌朝になって彼がその試料を見ると、驚いたことに溶液の中に小さな赤い結晶ができていた。彼の幸運なうっかりミスで、思いがけず純粋なルシフェリン結晶ができたのだ。酸による処理が結晶を生じさせる秘訣だった。結晶ルシフェリンの活性は重量あたりで、乾燥ウミホタルの三万七千倍も強かった。つまりプリンストングループが精製したものよりも二〇倍も純粋であることを示している。二七歳の下村にとって、これは途方もない業績であった。「私の成功が偶然であったとしても、このことが自信を与えてくれたし、困難ではあっても〝不可能でないことなら自分にはできる〟という信念を持つようになった[9]」。

下村は結晶ルシフェリンの特徴を調べ始め、多くの基本的な化学的性質を明らかにした。ウミホタルのルシフェリンの正確な性質がはっきり分かるまでには、それから一〇年近くの歳月を要したのだが、最終的には、下村と共同研究者らは、ウミホタルのルシフェリンの化学構造を決定することになった。一九五七年、下村は「ウミホタルの結晶ルシフェリン」（Crystalline *Cypridena* Luciferin）と題する最初の主要な論文を『日本化学会欧文誌』（*Bulletin of the Chemical Society of Japan*）に発表した。[10] それが何十年も他の研究者を苦しめた難事であることを知っていた平田は、下村の成功に驚いた。

一方、一九五七年にプリンストンでは、ハーベイの多くの学生の一人だったフランク・ジョンソンは、上席研究員としての研究を始めていた。「多くの基本的問題を未解決のままにしてハーベイが引退したとき、私はこれらの一部を解決することを任された」と彼は記している。この中には生きたウミホタルのルシフェリンの精製の問題もあった。この年、彼は下村の研究の進展を知らずに、生きたウミホタルの試料を使って研究しようと日本の伊豆半島までやってきた。「ウミホタルの全身を乾燥させた試料からの抽出物にはどうしても付きまとう多くの不純物を避けるためであった。「純粋なルシフェリンを得ることが可能なはずだったのだが（…）特殊な装置がないことと、夏季の実験室の高温という、技術上の困難に直面した」[11]。彼はルシフェリンを精製できなかったが、アメリカへ帰国してすぐ下村の論文のことを知った。自分自身の実りのない精製実験に失望していたジョンソンは、この若い化学者の業績に感嘆して、ぜひアメリカへ来て研究するようにと招聘し、下村はこれを受け入れた。

下村は名古屋大学の博士課程の学生ではなかったが、ジョンソンの申し出を知った平田は、洋行の餞別に博士号を与えた。平田は一九五二年にハーバード大学のルイス・F・フィーザーの研究室に一年間留学していたことがあり、アメリカの大学のシステムに馴れていた。博士の学位があれば下村の初任給が月々三〇〇ドルから六〇〇ドルへと倍増することを知っていたのだ。必要な手続きを終え、わずか一〇ドルの手数料を払った下村は、もっぱらウミホタルのルシフェリンの結晶化の業績に基づいて博士となった。「学位取得は私の目標ではなかった。仕事をやり遂げようと努めただけだ」と下村は言う。皮肉なめぐり合わせで、彼が精製を成し遂げるのに必要とした大量のウミホタルは、戦時の莫大な収集量のお蔭で得られたのだった。プリンストンのグループは、輸入した少量の乾燥ウミホタルしかなく、それが常に障害となった。下村の生活をめちゃめちゃにした戦争の副産物が、はからずも彼の科学者としての仕事を開始させたのだった。

第４章

クラゲの光の謎

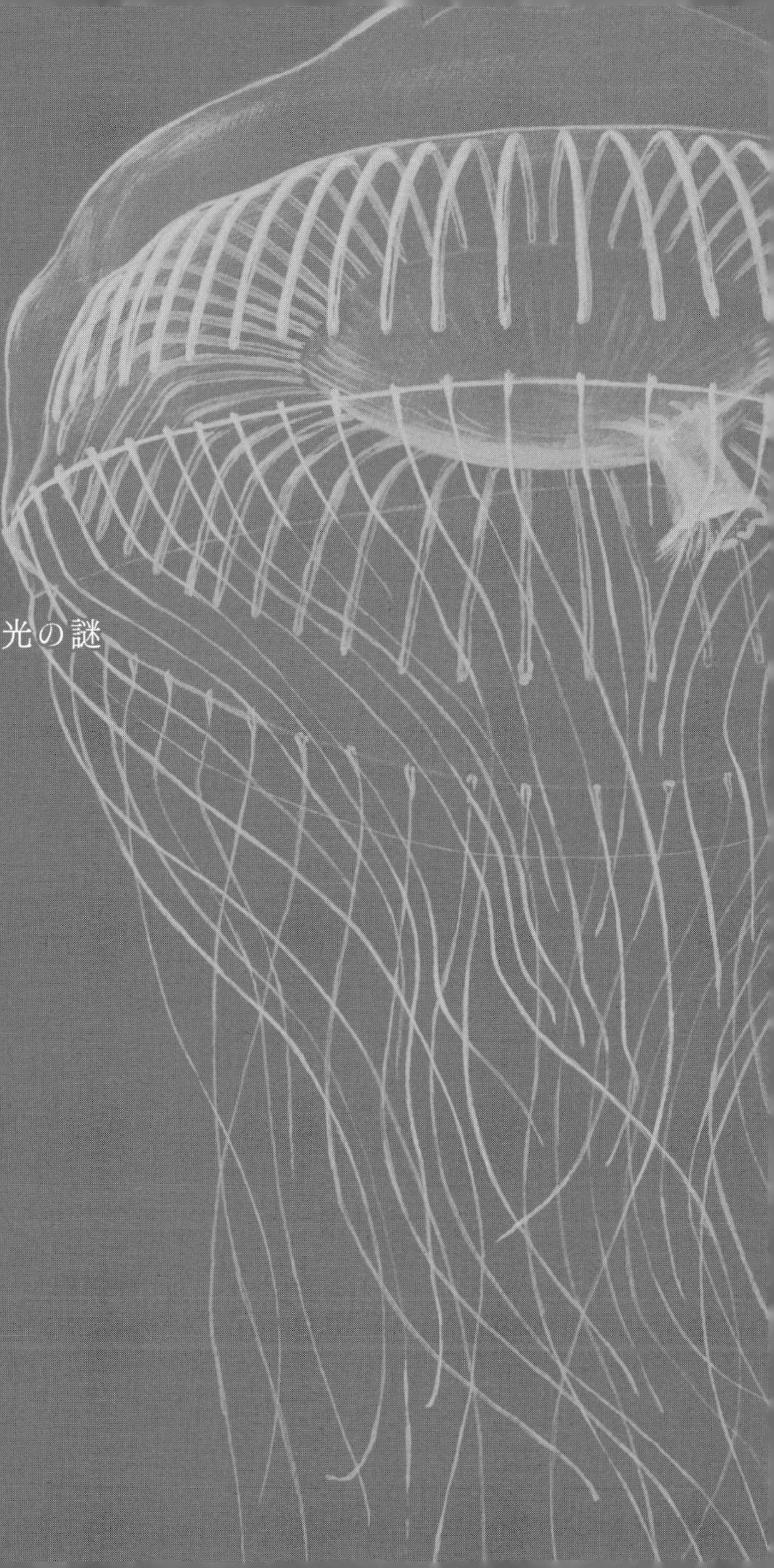

下村脩が一九五九年にプリンストンへの招聘状を受け取った頃には、エドマンド・ハーベイの健康状態は悪化し、フランク・ジョンソンがプリンストンの生物発光研究室の運営を引き継ぐようになっていた。ハーベイは一九五九年の七月二一日、下村の到着のわずか一四ヵ月前に亡くなった。ジョンソンは下村の旅費を出すことにしていたのだが、この意欲的な科学者はフルブライトに応募して旅費支給奨学生となった。これにはアメリカまでの輸送手段に加えて数週間の語学レッスンもついていた。一九六〇年八月、下村は横浜からアメリカへ向けて氷川丸に乗船した。太平洋の女王として知られた一万二千トンの豪華な外洋船で、第二次世界大戦による破壊を免れた日本の唯一の大型船だった。「乗客と見送りの人たちをつなぐ何千本もの色とりどりのテープが投げられ、大勢の人に見送られながら、船が桟橋を離れたときのことは忘れられない。アリューシャン列島の南を通って太平洋を横断するのに一三日かかり、ついにシアトルに着いた。続いてプルマン式寝台車に乗り、列車による大陸横断にさらに三晩かかった。私のはじめての外国の旅であり、人生で最も贅沢な旅だった」と、彼は懐かしむ。[1]

日本を出てからほぼ三週間後、ニュージャージー州のプリンストン・ジャンクションというやや田園風の町へ列車が入ってきたとき、ジョンソンはホームで下村を出迎え、ギヨーホール（ガーゴイルのついたチューダー・ゴシック様式の建物）の研究室へ案内した。そこでは、下村の以前の経験と似たような状況が展開した。ジョンソンは彼を暗室へ連れて行き、発光するクラゲ（オワンクラゲ、*Aequorea*）[2]の白い乾燥粉末の入った広口びんを手渡した。ジョンソンは光るのを見せよ

1960年の日本からのフルブライト奨学生。下村は後列右から８番目。写真提供：下村脩。

うとして粉と水を混ぜたが、下村が以前に名古屋大学で体験したウミホタルの場合とは異なり、部屋は暗いままだった。ジョンソンは実演に失敗した後、ワシントン州のピュージェット・サウンドのフライデー・ハーバー島の沖ではクラゲが豊富に取れると説明した。暗室の中でジョンソンは「このクラゲの研究に興味があるか」と尋ねた。[3]

次にどんな研究をするか選択の余地のなかった下村は「喜んでオワンクラゲの研究をします」と答えた。[4]

オワンクラゲは直径一〇センチくらいに育ち、傘のような形の縁におよそ百個の緑色に明るく光るピンの頭大の点が散らばっている【口絵6】。ハーベイとジョンソンが研究したすべての発光動物の中で、デュボアのルシフェリン–ルシフェラーゼの実験が何度やってもうまく行かなかったのがこのクラゲだった。クラゲを溶解させると（ミキサーにかけるのと同様な実験過程）、どろどろしたペーストは数時間光り続けた後消えていく。発光がいったん消えると、どのような条件にしてもふたたび光らせることはできないのだ。

数ヵ月後の一九六一年六月、ジョンソンと下村は下村の妻の明美とジョンソンの助手のヨー・サイガと共に、ジョンソンのステーションワゴンに乗り込み、シカゴやグレーシャー国立公園を過ぎ、はるか西のフライデー・ハーバー研究所を目指した。運転免許を持っているのはジョンソンだけだったので、彼が七日間の旅を通して、毎日一二時間の運転を一人でこなした。シアトルの一〇〇キロほど北の港町アナコルテスに着くと、サン・ホワン島（本土とバンクーバー島の間にある群島の一つ）まで二時間のフェリーに乗った。研究所へ行くフェリーの上で下村はあたりを見渡し、伝説的なクラゲの多さを自分自身で見て仰天した。うっとりするような丸い傘が切れ目のない流れとなって、フェリーの船体のそばを緩やかに漂っていた。

島では当時の研究所長ロバート・ファーナルドが出迎えた。一九〇四年に設立された研究所は、離れ小島の起伏のある丘に抱かれた数棟の木造の小屋から成っていた。ファーナルドは訪問者をすぐに第一研究室に案内した。それは二部屋からなる小さな建物で、彼らはそこを他の三人の研究者と、ギリーズという名の一匹のスコットランドのディアハウンドと、共同で使うことになっていた。この犬はワシントン大学の、歯に衣着せぬ物言いで有名な動物学のディクシー・リー・

レイ教授の「研究室助手」だった。レイは一〇年後、リチャード・ニクソン大統領によって原子力委員会の議長に任命され、一九七六年にはワシントン州初の女性知事に当選することになる。しかし一九六一年当時には、彼女の興味の的は木食い虫の生態だった。

ジョンソンと下村は、六〇センチ立方もある大きな光度計などをただちにステーションワゴンから降ろして荷解きし、実験室に設置すると仕事にかかった。プールをきれいにするのに使うのに似た平たい網を使って、研究所の目の前の桟橋でクラゲをすくい始めた。一度に一匹ずつすくって、あとからあとからバケツを一杯にした。四〇年前にハーベイがはじめてこのクラゲに出会ったときに開発した方法を使って、光を発生する器官だけを切り取って分析に回した。[6] 発光器官すなわち発光細胞は、傘の縁に沿って一様に分布しているので、はさみで簡単に縁を切り取るだけで、発光器官が集中した細い輪ができる。続いてジョンソンと下村はこれらの輪を木綿のハンカチに包んで絞り、勝手に「絞り汁」と名づけた液体を得た。この粘性のあるゼリー状の液体は、数時間光を放ち、やがて発光細胞が細胞溶解を起こし、反応は終わってしまう。[7] 一九六一年の夏の間に、彼らは九千匹以上のクラゲを集めて縁を切り取った。

絞り汁を手にした彼らは、光を出す反応物質の単離に取り掛かった。オワンクラゲの発光成分の精製方法は、下村がウミホタルのルシフェリンを得るのに使ったものと似ていた。この方法は二成分反応を前提としており、反応を停止させて、その後できる限り迅速にルシフェリンとルシフェラーゼを分離するという二段階からなる。反応を停止させるには、必要な成分の一方を取り

ワシントン州フライデー・ハーバー研究所の桟橋のはずれでのオワンクラゲの収集（1974年夏）。左から右へ：下村明美、ジョセフ・チャン、下村脩、チャン夫人、マリー・ジョンソン、フランク・ジョンソン、名前の分からない収集助手、下村努、下村幸。クラゲ捕獲用の網の柄は、プリンストン大学のスクールカラーである橙色と黒のテープでだんだらに巻いてある。写真提供：下村脩。

除いたり、不活性化したり、消耗させたりするなどの方法がある。ジョンソンと下村は、一方の成分を抑えれば、他方を精製できると考えた。

彼らはこの島で手に入るすべての物を試した。さまざまな塩(えん)、金属、タンパク質、酵素、はては洗剤まで。しかしオワンクラゲはジョンソンと下村のどんな試みも寄せつけなかった。収集と実験に数日間を費やしたにもかかわらず、ルシフェリン精製とクラゲの生物発光の仕組み解明への入り口に当たる、反応物質を別々に分けることさえできなかった。万策尽き果てた下村は実験室を離れ、米(べい)

松の木立に囲まれた研究所の、夏の穏やかな環境の中で黙想した。実験を数日間忘れて、クラゲを光らせる原因は何かということだけを集中的に考えた。「もしルシフェラーゼがないとするなら、反応を推し進めているものはいったい何だろう?」彼は不思議に思った。小さな手漕ぎボートが黙想の恰好の場所になった。毎日毎日、彼は静かな入り江の中まで漕ぎ出し、暖かな夏の太陽の下で仰向けになり、はだしの足を船べりからブラブラさせていた。ときたま、彼は寝入ってしまい、潮流に押し流されることもあった。ある日の午後、入り江の中を漂っていると、あまりの単純さにショックを受けるようなアイデアが浮かんで目が覚めた。下村はこの考えを次のように要約している。「クラゲの発光にルシフェリン–ルシフェラーゼ系が関与していないとしても、別の酵素かタンパク質が発光反応に直接関わっている可能性が非常に高い。もしそうならば、その活性はpHの変化によって、少なくともある程度は変わるだろう。実際に、酵素あるいはタンパク質が可逆的に不活性化される、そういう酸性度があるかもしれない」[8]。

彼は自分の仮説を試す一連の新たな実験を始めたくて、急いで漕ぎ戻った。ところが研究所へ帰って話しても、ジョンソンは彼の新たなモデルを認めてくれず、従来どおりのルシフェリン–ルシフェラーゼ型の反応の探究を中止することを拒んだので、下村はがっかりした。彼が新しいアイデアを試し始めると、二人の科学者の間に対立的な気まずい雰囲気が生じた。彼は建物の隅っこでたった一人、クラゲの発光には何か他の物質が関わっているという自分の理論を追究した。一方ジョンソンとヨー・サイガはルシフェリンを抽出しようと空しく実験を続けた。日ごとにジョンソンと下村の間には緊張が高まっていった。「夏の終わりには日本へ帰らなければならなくなるだろうと思った」[9]と下村は振り返る。それからじきにジョンソンは仕事をあきらめた。問題の解決法を見つけられないことに失望して、実験室から遠ざかり、ディクシー・リー・レイとカクテルをちびちびやっていることが多くなった。

下村は新たな絞り汁を作って実験を始めた。このゼリー状の汁にさまざまな弱塩基や弱酸を混ぜたが発光は消えなかった。次にｐＨ４の緩衝液を加えてみたところ、ｐＨ４になったとたんに発光が止んだ。今度は汁を中性のｐＨ７に戻すために重曹（重炭酸ナトリウム）をゆっくり加えた。驚いたことにｐＨが上昇するにつれて汁はかすかに光り始めた。これはつまり、この方法で発光反応の不活性化ができるということで、精製過程にとって重要な手段が見つかったことになる。下村はこのはじめての希望の兆しに興奮し、主な障害は乗り越えられたと確信した。実験後にガラス器具を洗おうと、中和した絞り汁を実験台の流しに捨てた瞬間、流しの底に「爆発的に強い」青色の閃光が走った。[10]流しの中の何かが絞り汁を強烈に活性化したのだ。閃光の放出の原因が、流しに溜まっていた海水だったことに気づくのに時間はかからなかった。下村は海水の組成を知っていたので、活性化物質がカルシウムであることはすぐに突き止められた。カルシウムイオンは海水中で四番目に多いイオンなのだ。

カルシウムが反応を活性化するのなら、それを取り除けば理論的には反応は阻害される。作った直後の絞り汁からカルシウムを除去しておき、その後の精製段階でまたカルシウムを加えれば、反応を活性化できると気づいた。これを念頭において、EDTA（エチレンジアミン四酢酸）というカルシウムを取り除く物質を使って精製法を改良した。この物質はすべてのカルシウムイオンを捕えて、酸より五倍も効率よく反応を阻害する。彼はジョンソンを呼びに部屋まで走った。ジョンソンにカルシウム活性化を見せると、驚きの声を上げた。「何てことだ！」[11]。

翌年、下村とジョンソンはこの技術を使ってクラゲの独特の生物発光系を抽出、精製し、特徴を調べた。この反応を起こすには従来のようなルシフェリンが必要とは思われず、単に海水が必要だった。クラゲの発光系は期待されたような二成分ではなく、一成分から成っていた。下村はEDTA法を用いて発光反応を阻害し、精製した発光タンパクをイクオリンと名づけた。これはカルシウムによって活性化され、強い青色光を放つ。彼は、他の既知の生物発光反応のようにルシフェリンや酸素分子を必要とせず、カルシウムで活性化される新形式の生物発光について記した最初の人物となった。はるか後年になって、実際には反応にルシフェリンが関与することが突き止められた。それはセレンテラジンという小さい分子で、イクオリンに素早くしっかり結合し、カルシウムが存在するときだけ光を生じる。このイクオリン－ルシフェリン複合体は、カルシウム濃度の非常に低いクラゲの細胞内では安定である。細胞内のカルシウム濃度が上がると、複合体は反応を起こして、クラゲは光を発する。クラゲは発光調節に細胞内カルシウム濃度を利用するので、平穏を乱されると独特の明滅を起こすことができる。いったん反応が起こってしまうと、再び光を出すにはタンパク質が新しいルシフェリンで「再充電」されなければならない。

他のすべての生物発光反応と同様に、この充電過程には酸素が必要である。

イクオリンのカルシウムに依存した発光は魅力的な新しい系である。のちに研究者らは、オワンクラゲの類縁動物が持つ他のカルシウム依存性発光タンパク質はイクオリンと非常によく似た分子構造をしていることを突き止めた。要するに、カルシウムがないときはこのタンパク質部分は結合したルシフェリンを取り囲んでいるが、カルシウムイオンがやってくるとこれらがタンパク質上の二ヵ所か三ヵ所に結合する。この時点でタンパク質はほとんど瞬時に非常にわずかな形の変化を起こす。この構造変化はイクオリンを活性化して、結合しているルシフェリンに内部化学反応を引き起こさせ、それが光を発する。タンパク質は撃鉄(げきてつ)を起こされた銃のようなもので、カルシウムが引き金を引く。化学反応が進行するときに、主な副産物として光を出す物質は高エネルギーを持つ。つまり、タンパク質に結合したルシフェリンと、光を放出してしまったルシフェリン産物との間のエネルギー差はかなり大きいことが示唆される。カルシウムを待ち受ける間、イクオリンがどのようにして高エネルギー状態のルシフェリンを保持するのかはまだ謎である。この高く励起されたエネルギー状態のおかげで、反応が起きるとなると非常に迅速である。そして徐々に明るくなる脈動ではなく、単一の閃光が生じる。この閃光のため、クラゲは〔透明な体であっても〕背景から区別できる。やはり素早い閃光を生み出す必要のある蛍も、同様な反応ながら、引き金としてはカルシウムではなく、細胞のエネルギー通貨であるアデノシン三リン酸(ATP)を用いる。

下村とジョンソンは自然界の生物発光過程の研究からイクオリンの同定に至ったのだが、このタンパク質はカルシウム濃度の優れたセンサーであることを見逃さなかった。カルシウムは生物には非常に豊富にある。ほとんどは細胞内で〔小胞体などに〕隔離されているが、わずかな量は自由にあたりを漂い、重要な細胞反応の引き金を引く。下村は一九六三年の論文で、イクオリンが放出する光の量で遊離のカルシウム量が分かるので、生物系でカルシウム検出器として利用できると提唱した。[12] 数年後、オレゴン大学からの二人の研究者が、下村の考えが正しかったことを示した。エリス・リッジウェイとクリストファー・アシュレーは筋細胞で興奮と収縮の共役を研究していた。[13] 当時、筋繊維中の電気的パルスがその繊維の収縮を引き起こすことと、この過程には遊離カルシウムの筋細胞への流入が必要なことが分かっていた。はっきりしていなかったのは、筋繊維の細胞質内のカルシウムの増加と繊維の収縮の時間的関係だった。

リッジウェイとアシュレーは一九六七年にフライデー・ハーバーにやってきて、下村の方法を使って数千匹のクラゲからイクオリンを精製した。そしてこの物質を、やはりピュージェット・サウンドで採れるフジツボ（*Balanus nubilus*）の個々の巨大な筋繊維に注入した。次に注入した細胞を電気的に刺激しながらこの繊維からの光の放出を記録した。収縮が起こるたびに、繊維からの閃光が記録された。パルスとパルスの間では、繊維は暗いままだった。これらの先駆的な実験により、筋繊維のカルシウム濃度は休止状態では非常に低く、電気的刺激を与えると急激に上がって下がるという、最初の明確な証拠がもたらされた。彼らの努力により、生細胞中のカルシウムイオン濃度の変化がリアルタイムではじめて直接に測定された。カルシウムパルスが急速に始まり、次に少し緩やかな減少が起こることは、細胞が細胞内部のカルシウム濃度を調節する巧妙な方法を持つことを示していた。細胞内のカルシウムの動態と、細胞が細胞内メッセンジャーに対して行う厳格な時間的・空間的制御についての現在の知識は、これらの実験から直接発展してきた。現在では、すべての種類の細胞がカルシウム量を調節し、カルシウムの動態が脳細胞内の神経伝達、心臓収縮、細胞分裂、血中へのインスリンの放出などの重要な細胞反応を制御することがわかっている。

当時、生物が作る化合物を借りて別の未知の生物反応を解明する実験が行われ始めたが、リッジウェイとアシュレーの実験は最初期のものの一つである。何百万年にも及ぶ進化の過程が完成させたさまざまな化学的・生物的反応は、現在の科学者たちがゼロから考案することはとうていできないものである。しかしすでに存在する化合物を作り手の生物から取り出して、研究の道具として別の生物に導入することはできる。自然界の研究のために自然界から借りるという手法は、リッジウェイとアシュレーのフジツボの研究の数年後に科学界を巻き込むことになった分子〔生物学〕革命の基礎となり不可欠のものになった。

発光細菌によって輝く三角フラスコを調べているプリンストン大学のフランク・ジョンソン。写真提供：下村脩　（写真に書かれた文字：よき友、尊敬すべき同僚である下村脩博士へ／フランク・H.・ジョンソンより／プリンストン、ニュージャージー州、U.S.A. 1978）

最初の実験の時から下村を当惑させていたのは、クラゲは常に緑色の光を放つのに、実験台の流しで見たのは青色光だったことである。その当時までに研究されたすべての生物発光反応では、発光動物が作り出す光の色は、精製された物質を試験管内で反応させた時に見られるのと同じ色だった。彼は、クラゲはイクオリンで青色光を作り出すが、その光は組織内の別の物質によって吸収されてしまい、緑色光として再放出されるのだろうと推測した。最初はこの見解は、下村、ジョンソン、サイガによるクラゲの生物発光系についての六ページの科学論文に付けられた短い脚注として記録された。「絞り汁からは別のタンパク質も得られた。このタンパク質は溶液にすると、太陽光のもとではわずかに緑がかって見え、白熱電球光では黄色っぽくしか見えないが、紫外光に当てると非常に明るい緑色の蛍光を生じる。この物質が発光する兆候は検出されていない[14]」。生物発光は光を発生することであるのに対し、蛍光は受け取った光の色を別の色に変換することによって生じるものである。

下村とジョンソンは続報でこの考えを述べ、異なる色の放出を支持する分光分析データを示した。フライデー・ハーバー研究所の研究者たちがこの七年前に示したように、オワンクラゲの発光器官に紫外線を照射すると〔自らイクオリンの発光をさせていなくても〕緑色の蛍光が生じることにも彼らは気づいていた[15]。オワンクラゲが青色ではなく緑色の光を発する系をなぜ発達させたのかは、いまだに謎である。

フライデー・ハーバーで下村は、オワンクラゲの光生産の仕組みを発見しただけでなく、第二のタンパク質、すなわち緑色蛍光タンパク（GFP）も発見したのだ。驚いたことに、この影の薄かったタンパク質は続く三〇年間に、生物医学研究に広く用いられる道具に変身することになった。四〇年余りのちに下村は次のように述べた。「GFPを発見したとき、蛍光があまり鮮やかで美しいので、何か未知の応用方法がありそうに思われたが、生物内のタンパク質に結合させるような応用方法は、当時の我々の想像を超えていたし、おそらく誰の念頭にもなかっただろう[16]」。

第５章

虹のかなたの光

空はなぜ青いのか？　雲はどうしてできるのか？　虹の色はどこから来るのか？　これらの一見単純そうな疑問は、何千年もの間人々を困惑させてきた。ある人物、ジョージ・ガブリエル・ストークス卿は、これらのすべての答えを見つけたばかりでなく、蛍光の現象をも発見した。ストークスは一八一九年に、アイルランドの北西部のスクリーンの海沿いの町で六人兄弟の末っ子として生まれ、質素な幼年時代を過ごした。地元の教会の教区牧師であった父のガブリエルは、自宅での早期教育を施した。ストークスは算数を小教区の牧師から習ったが、「ジョージ坊ちゃんは教科書よりも優れた足し算の新方法を自分で考え出した」と、たびたび彼を驚かせた。幼少期のストークスは、早くも数学の才の兆候を見せたが、情熱的でもあり、時として発作的に激しく怒る傾向があった。一八三二年、一三歳のとき、もっとしっかりした教育を受けるためにダブリンの学校へ入学することになった。出発前に兄たちは、感情のほとばしり出る彼の態度について忠告し、「アイルランド特有の長ったらしい答え」をしないように気をつけないと友達にからかわれるよと言った。そのとき以来、彼はほとんどの質問に簡単な「はい」か「いいえ」で答える習慣を身につけた。姉のエリザベス・マリーは学校時代の彼をこう語っている。「一六歳から一七歳の頃、彼は蝶や毛虫の観察に夢中だった。ある日（…）散歩からの帰り道、知り合いの女性たちの挨拶に応えなかった。おかしな態度のわけを聞かれた彼は、『帽子が甲虫でいっぱいだったのでお辞儀ができなかった』と答えた[1]」。

ストークスは一八歳のときにイギリスのケンブリッジに移り、六六年後に亡くなるまで、ほと

シニア・ラングラー賞受賞後のジョージ・ガブリエル・ストークス卿の肖像。Courtesy of Pembroke College, Cambridge University.

んどずっとそこで過ごした。まだケンブリッジ大学のペンブルック・カレッジの学生だったときでさえ、彼の数学的能力はその分野の指導者たちに注目された。各クラスの最優秀者に与えられる権威のあるシニア・ラングラー賞〔ケンブリッジの数学の卒業試験で最優秀の成績を収めた者に贈られる賞〕を受賞し、一八四一年の卒業の直後にカレッジの研究員に任ぜられた。

近代物理学の基礎は一八〇〇年代の中ごろに築かれた。その時代の物理学者たちは、電気学、音響学、光学、流体力学、化学の分野を作り上げた。仮説に基づく発見が一般的になり、科学者たちは自然界の記述に論理と数学を用いた。光学と光の散乱の法則を導いたレイリー卿

（一八四二－一九一九年）と、電磁気学の法則を導いたマイケル・ファラデー（一七九一－一八六七年）は、ストークスとほぼ同時代の人物だった。アイルランド出身の数学の天才ケルビン卿も同時代の人であり、同僚でもあった。彼は一八三四年に一〇歳でグラスゴー大学に入学を許され、冷凍方法を発明し、今でも単位として名が残る絶対温度を導入し、大西洋を横断する電信を可能にする装置を発明し、熱力学の第二法則を発見した。これらの科学者は、アイザック・ニュートン卿とライプニッツが微積分学を発明するのに利用した類（たぐい）の論理的分析を用いて、光、運動、エネルギー、重力を記述した。

　ストークスはケンブリッジの研究員に選ばれて三年経たない二四歳のとき、「流体運動のいくつかの場合について」と題する流体の粘性理論を発表し、流体力学を厳密化した。[2] この論文は「非圧縮性の流体の運動を見い出す問題のみごとな数学的解答を与え（…）流体動力学の完全な基礎をなしている」とケルビン卿は記した。[3] ストークスはのちにこの研究をまとめて「運動中の流体の内部摩擦理論について」として著した。[4] さらに、一八五〇年の「流体の内部摩擦が振り子の運動に与える影響について」など、他にも数報の論文を発表した。[5] この論文は、流体中を移動する粒子の速度を記述したもので、その結論は沈降のストークスの法則として知られるようになった。それに加えストークスは、低速度で一様に動く粘性流体の振動を究明した。そうすることで、空気中を落ちる水滴の最終速度を決定し、雲が浮かんでいられる仕組みを説明した。

ストークスは一八五七年に三八歳でエリザベス・ホートンと結婚し、ペンブルック・カレッジの結婚禁止規定によって、研究員の資格を失った（のちにこの規定が破棄されたとき、彼の研究員の資格は回復した）。婚約中に彼はフィアンセに長大な手紙を書いたが、なかには五〇枚以上に及ぶものさえあった。その一つには、数学の問題と格闘して午前三時まで起きているが、結婚後はそんな行動を許してくれないのではないかと心配だと書かれている。彼らはケンブリッジ大学のダウニング・カッレジの南側に面した広大な庭園内のレンズフィールド・コテージに居を定め、ストークスは自宅に間に合わせの光学実験室を設置した。彼の非常に重要な発見の多くはこの実験室でなされた。

暗室の窓のシャッターに穴を開けると、ここを通して雲や外部の物体からの光があらゆる方向に入ってきた。穴の直径は一〇センチだったが、おそらくもっと大きい方が良かっただろう。シャッターの穴のすぐ下に、上面を黒く塗った小さい棚をネジで取り付け、調べたい物体や最初の吸収媒体を置く台とした。これと何枚かの色ガラスがあれば、必要不可欠な装置はすべて揃う。ただし実験によっては、白磁の平たい小片と、通常のプリズム、それに液体を入れる一、二個の容器も用意するとよい。[6]

ストークスは「回折の動力学的理論」のなかで、均一な弾性媒体中での運動の伝播について数学的に詳述している。[7] 彼は偏光面は光の進行の方向に垂直であると結論した。光が大気中を進むとき、赤、橙、黄色などの長波長の光の大部分は妨げられずに通過するが、青色などの短波長の光は大気中の気体分子に当たって、さまざまな方向へ散乱される。空を見上げると、我々の眼は散乱された青色の光を感じる。のちにケルビン卿はストークスの非凡な大発見について、「我々は今ではこれを最も確かな物理学の真実だと考えている」と記した。[8]

ストークスは間に合わせの実験室で仕事をしながら、太陽光の性質の研究に取りかかった。窓のシャッターの穴を通して入ってくる太陽光線の通り道にガラスのプリズムを置くと、壁に虹の色が映ることを見つけた。もともとニュートンによって発見されたこの虹は、赤・橙・黄・緑・青・藍・紫という、常に同じ順序で並んだ色の帯から成る。近くの教会から持ってきたステンドグラスのかけらをプリズムの前に置くと、生じるスペクトルはそのガラスの色だけになる。太陽からの白色光は実際には虹のすべての色を含んでいるのだが、ステンドグラスはほとんどの色を吸収してしまい、そのガラスの色だけしか通さないのだ。一八五二年四月二八日、彼はシャッターの穴に青色のガラスを当てて青色光を作り出し、その光線の通り道に黄色いキノン溶液を入れたガラスのビーカーを置いた。キノンは植物に見られる蛍光物質である。青色光で照らされたキノンは黄色い光を発した。ストークスはさまざまな化学物質と溶液を系統的に調べ、照射した光線を吸収したり透過させたりするものは多いが、照射光の色と異なる色を発するものはほんのわずかであることを見出した。彼はこの現象を蛍光と呼んだ。

蛍光を示す物質は、ある色の光を吸収し、別の色に変えて放出する。すべての場合、生じる新たな蛍光の色は、試料の照射に使われた光に比べてスペクトルの赤い方へずれる。つまり青色光を吸収すると緑色光を放ち、緑色光を吸収すると赤色光を放つ。彼はこれらの発見から、生じる蛍光は励起光よりもエネルギーが低い（赤方偏移する）という法則を作った。これは現在ストークスシフトとして知られている。ストークスは「発見」と題する論文で、「内部で分散するという現象、すなわち光線は実際に屈折性を変える」と書いた[9]。ここで言う「屈折性」とは、光の色に関する性質を記述するのに用いられた旧式の用語である。ストークスは自分の発見を「光の屈折性の変化について」と題する文書にまとめて、一八五二年五月二七日にロンドン王立協会に提出した[10]。

彼は光の性質についてほとんど理解していなかったが、蛍光の基本的な物理的性質を記述した。光について系統だった完全な説明がなされたのは、ストークスの発見から七五年近くたってからだった。光がエネルギーの一形態であることは一六〇〇年代から分かっていたが、光の性質の多くが一元的には記述できないように思われた。光は「小さな粒子、すなわち微粒子」でできているように思われ、ニュートンも一七〇四年に著した『光学』でそのように記述した[11]。光は常に、現在では光子と呼ばれている個々の小さい包みとして届く。これらの包みは光源から外へ向かって無秩序なしぶきのように放射されるようだ。分子は個々の包みの中の光エネルギーを吸収し、各々の包みは波長ごとに比較的一定したエネルギー量を分子に届ける。しかし光はしばしば波のようにも振舞う。光の波は干渉し、お互いに打ち消しあったり、偏光したり、波動関数でうまく表される振動特性を持つ。

光が粒子なのか波なのか、一世紀以上にわたって激しく議論されたが、量子力学の発展によって解明された。量子力学は観察された光の性質をすべて包含するだけでなく、電子や中性子や陽子といった素粒子の動的ふるまいを研究し定量化することを可能にした。相対性理論と同様に、量子力学は世界を見る新しい方法となった。現象を明確なできごとや粒子としてではなく、出現確率として説明する。オーストリアの物理学者エルヴィン・シュレーディンガーは、簡単な〔思考〕実験で理論を説明した。生きた猫が毒薬のびんといっしょに箱に入れられているとする。箱には少量の放射性物質も入っている。猫が箱の中にいる時に放射性物質が一原子でも崩壊すると、びんが壊れて毒薬が放出されて猫は死ぬ。実験が行われている間、観察したり測定したりすると実験に干渉してしまうので、原子が崩壊したかどうかを確かめることはできない。量子力学の法則によれば、猫は生きてもいるし死んでもいる、つまり状態の重ね合わせである。この状況は、量子不確定性原理から導かれ、観察者のパラドックスと呼ばれることもある。

量子力学を完全に解説するには本が丸々一冊必要だが、蛍光と生物発光の過程を理解するには、光の二、三の重要な性質を理解すればよい。たとえば白熱電球は、真空中に保持された導電性のフィラメント（通常は細い金属線）からなる。電圧をかけると、電子（電流）が金属線を通って流れ、電圧を増加させれば、電子の流れも増加する。電子が金属線を通って流れるとき、金属線を作っている原子にぶつかり、衝突した電子のそれぞれが運動エネルギーの一部を熱として放出する。するとその熱が金属線中の原子を激しく揺り動かす。揺さぶられた電子はそのエネルギーを光と熱の形にして放出する。原子は揺さぶられると、光子を発する。金属線を構成する原子が受け取るエネルギー量は、通過する電子の力によって異なる。光子のエネルギーはその波長によって表され、揺さぶられる金属線原子がもつエネルギーによって決定される。短波長の光はより速く振動し、より高いエネルギーをもつ。長波長の光はゆっくり振動し、低いエネルギーをもつ。光の強度は、ある一定の時間の間に金属線から放射される光子の数に依存する。より明るい光とは、より多くの光子が生み出されて観測者に届くということである。

光の物理的性質は、大まかには音の物理的性質と似ている。光度は音量と、光の波長すなわち色は音の高さと、それぞれ似ている。短波長の音は高音、長波長の音は低音である。同様に、耳は異なる波長の音を異なる音の高さとして感じるし、眼は異なる波長の光を異なる色として感じる。したがって色は波長の心理物理学的表現であり、光自体の固有の物理学的性質ではない。人間の眼は、波長にしておよそ四〇〇ナノメートル（ナノメートルは一メートルの一〇億分の一）の紫色から、およそ七〇〇ナノメートルの真紅までしか見えない。もっと長い波長の光（七〇〇から一〇〇〇ナノメートル以上）は赤外線と呼ばれ、短い波長の光（二〇〇から四〇〇ナノメートル）は紫外線とよばれる。四〇〇から七〇〇ナノメートルにわたる虹の色（紫・藍・青・緑・黄・橙・赤）は、色のスペクトルを作り出す。

光のエネルギーと色の研究すなわち分光学は、ある光源から放射される異なる色の光子の数と領域の決定に用いられる。したがって未知物質の組成は、その物質がどのように光と相互作用するか、あるいはどのように光を生み出すかを調べれば分析できる。分光学は、天文学者が天体の組成、温度、大きさ、さらには運動の方向の分析に用いる主要な手段である。分光光度計とよばれる機器は、光を取り込み、プリズムに似たものを使って光を色の成分に分ける。そののち、虹のように見えるこの光のスペクトルを分析し、個々の色のエネルギーを定量する。結果は光のさまざまなエネルギーを示すスペクトル図となる。

ストークスの自宅の実験室に入った日光は、紫外線から赤外線に至るエネルギー領域の光子を含んでいた。この光子の混合物は眼には白色光として映る。彼が日光の光線の前に青色のステンドグラスを置いたとき、青色の光子以外はすべて吸収されたが、青色の光子はガラスを通過し、キノン溶液の入ったビーカーを照らした。光が物体や溶液中の分子に当たると、それらの分子と数種類の方法で相互作用する。第一に、物体や溶液内の分子は単純に光子を吸収する。ほとんどの場合、光のエネルギーは単に分子の振動つまり熱に変換される。太陽の光線を暖かく感じるような場合である。物体の表面が、たとえば鏡のようであれば、光を反射する。どんな良い鏡でも

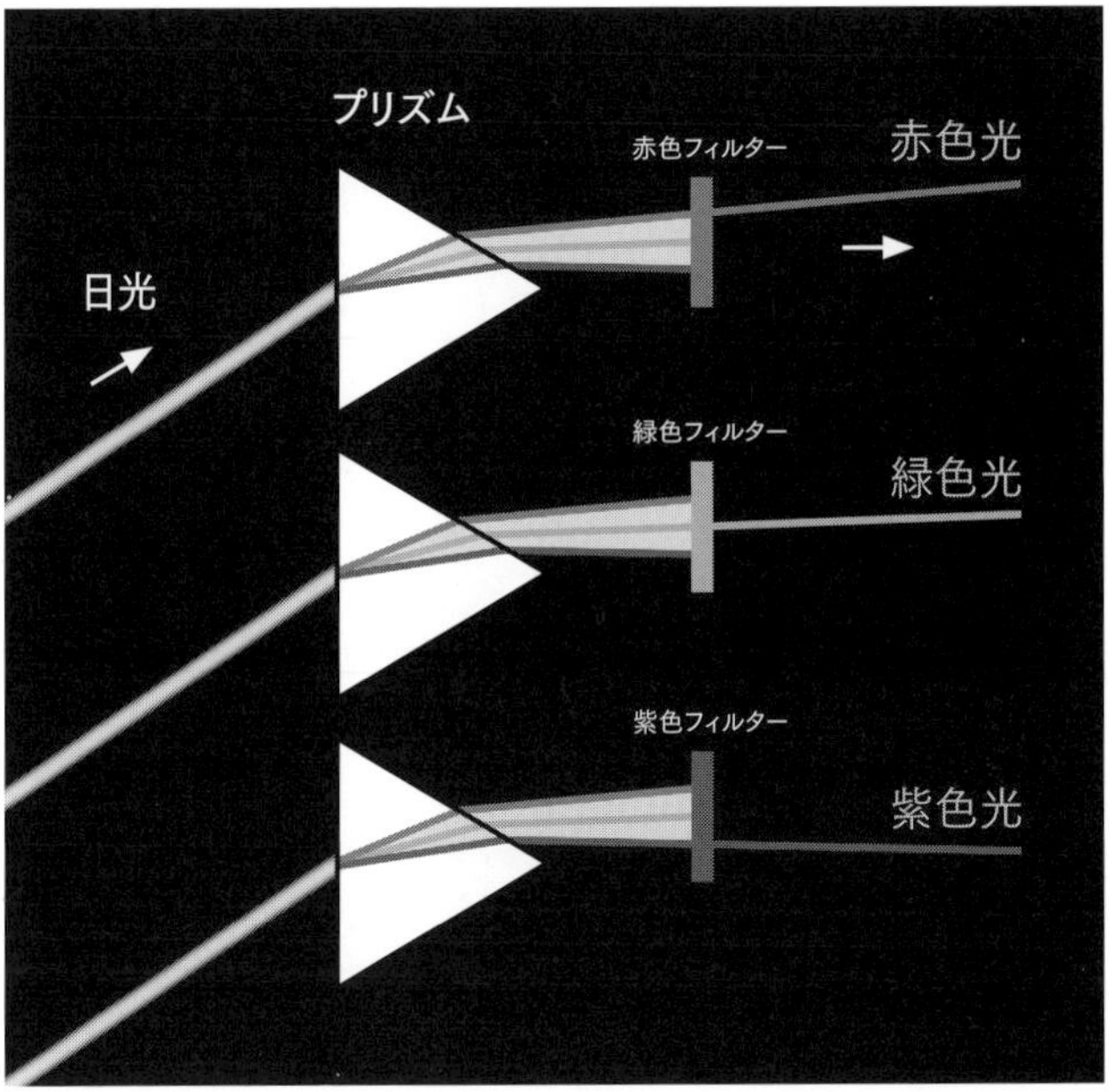

日光はすべての波長の光からなる。白色光がプリズムを通過するとこれを構成している波長の光に分かれ、虹の色が生じる。緑色のフィルターは緑色を除くすべての色の通過を妨げる。

多少のエネルギーは吸収するものの、この場合、光の波長も強度もほぼ維持される。そのほかに、ガラスの場合のように、光がほとんど物体を通り抜けることもある。光子が物体を通り抜けるときは屈折、すなわち曲がり、伝播する方向が変わる。この屈折は、異なる物質を通り抜けるときの光の速度の変化によって引き起こされる。レンズを使えば非常な精度で屈折を調節でき、視力を矯正したり、深宇宙まで見通したりすることができる。非常に小さな物体も、そこからの光をレンズを通して曲げて、拡大して見ることができる。拡大鏡、望遠鏡、顕微鏡の場合がそうである。

幅広いエネルギー領域の光子を含む白色光がある物体に届いたとき、その物体がどんな色に見えるかは、光子との相互作用の仕方と、どんな光子が観測者の目に入るかに依存する。物体を構成している分子の性質が、観測者が見る光子の種類を決める。白色光がリンゴに当てられると、リンゴの皮の色素は赤の光子以外のほとんどの光を吸収してしまう。赤の光子はリンゴの皮によって反射されるので、リンゴは赤く見える。一方、白色光を赤いフィルターガラスを通してみると、ガラスの中の色素が赤の光子以外のさまざまな色の光子をすべて吸収してしまい、赤の光子だけがフィルターを通り抜ける。

蛍光は特殊な物理的性質で、分子は光を吸収するのだが、すぐにそれより低いエネルギーレベルの光（つまり赤方偏移した色）を再放射する。分子レベルで言うと、蛍光分子は光子を吸収し、分子中の原子核を廻る軌道にある電子が、吸収されたエネルギーによってエネルギーの高い軌道に移る。電子はこの励起された状態にわずか十億分の数秒しか留まらず、元の低いエネルギーの軌道に戻る。元の状態に戻るとき、この電子は光子を放射する。

我々は蛍光物質に囲まれている。すべてのネオン塗料には蛍光色素が入っている。ブラックライトに照らされたＴシャツや我々の歯の輝きは蛍光である。ブラックライトは主として眼には見えない紫外光からなるが、多くの物質は紫外光を吸収して、人間の眼に見える領域内にあたる低いエネルギーの光として放出するのである。

犯罪捜査官は紫外蛍光法を使って犯行現場で指紋の検出をする。人の皮膚が何かの表面に触れると、たいていの場合そこに微量のアミノ酸が残される。犯行現場の物体の表面にニンヒドリンという化学薬品をスプレーして〔から塩化亜鉛処理して〕これらのアミノ酸を検出する。犯人が残したアミノ酸がニンヒドリン〔および塩化亜鉛〕と反応すると、紫外光で励起されて可視光を発する蛍光分子を生じる。そこで現場を暗くし、スプレーした表面を携帯型紫外線ランプで照射して蛍光を発する指紋を調べる。この技術は従来の粉末法よりも指紋検出法としてはるかに感度がよく有効である。

生物学者たちは見えないものを見えるようにする蛍光の威力を、すぐに取り入れた。科学者たちは細胞のますます小さい区画を見るようになっているので、従来の光学顕微鏡では役に立たない。そのような顕微鏡ではタンパク質をはじめとする細胞内の興味深い物質が見えないのに対し、蛍光分子はたった一個でさえユニークな特徴をもつ光子を生じるため、簡単に見える。強い励起光を当てられたこの単一の分子は、吸収した光子を別の波長に変え、観測者はそれを見るのだ。一つ光学フィルターで励起光をさえぎれば、単一の蛍光分子を光の点として見ることができる。一つの細胞内には何十億から何兆個もの分子があるので、単一の分子の位置を突き止めるのは困難なのだが、これができるのだ。

一九四〇年代に蛍光は、ドイツのベルリンの病院で研修医として働いていた組織学者、アルバート・ヒューイット・クーンズの注意を引いた。彼は空き時間にリウマチ熱の研究を始めた。当時リウマチ熱に関する大論争は、感染患者の病変部位には連鎖球菌がいるかどうかという問題だった。クーンズは細菌が存在するかどうかを検証しようと、連鎖球菌に対する抗体に蛍光標識をつけたものを開発した。抗体は白血球が作るタンパク質で、体の免疫応答系の一部である。外来タンパク質が体に侵入すると、循環している特定の白血球は活性化されて大量の特異的な抗体を分泌する。人間の血液の中にはいつでも何千種類という抗体が廻っている。抗体には種類ごとにそれぞれ特定の「結合部位」があり、一種類の特異的な外来タンパク質とだけ結合する。抗体が細菌に出合うと、それに結合して不活性化する。クーンズは抗体が標的に対してとてつもない特異性を持つことを知っていた。リウマチ熱の細菌に対する抗体は、人間の体内に何千種類のタンパク質があっても、この細菌にだけしか結合しない。リウマチ熱患者からの組織切片中でこの細菌の所在を突き止めるために、この特異性を手段として使おうと彼は計画したのだ。

この方法は特定の抗原、クーンズの場合は熱で殺した連鎖球菌をウサギに注射するところから始まる。するとウサギの免疫系は細菌に対する抗体を大量に生産する。数週間後、彼はウサギから少量の血液を取り、血漿(けっしょう)から抗体を精製した。クーンズは最初、抗体に色素分子を化学的に結合させ、次いでこれらの抗体を連鎖球菌感染組織の薄切片と反応させようと計画した。組織中の連鎖球菌を含む病変部位は抗体と結合し、色のついた抗体の集積は顕微鏡で見えるので、細菌の所在がわかるはずだった。

この最初の方法の問題点は、色が見えるほどには十分な抗体が病変部に集まらないことだった。クーンズは別のアイデアを思いつき、フルオレセインという強い蛍光を発する分子を抗体に結合させることに決めた。この分子は青色光で照らすと青リンゴのような色に輝く。フルオレセインで標識した抗体を菌に感染した組織と反応させると、抗体は組織の中で細菌が存在する部位だけに集まる。クーンズは結合した蛍光抗体の位置を見るために特殊な顕微鏡を使った。フルオレセイン標識抗体の蛍光を見るために、明るい青色光で組織切片を照らし、観察者の眼に青色光が入らないようにさえぎる特殊なフィルターを通して組織を見た。組織を照らす青色光はさえぎられて視野に入らないので、蛍光抗体が存在しなければ組織は黒く見える。しかし青色光がフルオレセイン分子に当たると、吸収されて緑色光に変えられ、緑色のフィルターを簡単に通り抜けて観察者の眼に入る。その結果、細菌、したがって蛍光抗体を含む組織切片の領域は明るい緑色に輝く。クーンズは抗体の高い特異性と結合親和性を、細胞内のタンパク質の所在を見えるようにする方法として用いた。この技術は非常にうまくいき、クーンズは議論にけりをつけることができた。リウマチ熱の病変部位には連鎖球菌がひしめいていた。[12]

クーンズの方法は、免疫細胞化学あるいは免疫蛍光法と呼ばれ、たちまち広まった。それ以来、科学者たちは細胞内のどんな種類のタンパク質の所在を突き止めるのにもこぞってこの方法を使ってきた。さらにさまざまな色の蛍光標識が開発され、多重標識ができるようになった。数例を挙げると、AMCAは青色の、ローダミンとテキサスレッドとCy3は赤色の、Cy5は真紅の蛍光標識である。細胞のタンパク質に対する特異的抗体産生に関わる巨大な事業が育ってきた。商業的な供給会社であるアキュレートでは三万三千種類の抗体を生産している。免疫蛍光法はタンパク質その他の細胞成分の所在を顕微鏡レベルで突き止める最良の方法であり、複数の蛍光染料を使えば、単一の細胞内で最大で四種類の抗原を探し当てることができる。

免疫蛍光法の人気は、蛍光観察ができる高級な光学顕微鏡の生産を後押しした。一九七〇年代と一九八〇年代には、主要な顕微鏡メーカーの蛍光顕微鏡設計は目覚しく進歩した。三つの主要な革新が蛍光画像の質を劇的に向上させることになった。第一に、ヨハン・プルムが落射蛍光顕微鏡を開発した。彼は試料の励起と試料からの蛍光の観測に、顕微鏡内の同一の光路を利用した。この新しい方法では、組織切片の同方向からの照射と観察が可能になるので、画像の明るさと質が著しく向上する。

蛍光顕微鏡の次の主要な改良は、思いがけない人物によって発明されたレーザー走査型共焦点顕微鏡である。先駆的な認知神経科学者だったマービン・ミンスキーは、一九六一年にこの設計の特許を取ったが、一九八〇年代末になるまで商業生産には至らなかった。この顕微鏡は従来の落射蛍光顕微鏡からは飛躍的に進歩している。標準的な蛍光顕微鏡には、画像の焦点面から上下にずれた領域からのぼやけた背景光がじゃまになるという限界があった。共焦点顕微鏡はレーザーを使って視野中の非常に小さな一点だけを照射し、このピンポイントのレーザー光で組織切片を素早く走査する（視野全体を少し内部まで）。照射点から生じる蛍光を集め、これを使ってコンピューターで完全な画像を構成する。顕微鏡には従来の励起光用と放射光用のフィルターを使うが、点源を利用するので、励起光も放射される蛍光も観察者に達する前にピンホールを通過させることが可能になる。光学的な工夫によって、光がピンホールを通るときに、焦点面の上下からのぼやけた光のほとんどが除かれる。この顕微鏡により、たくさんの薄い光学切片像が得られ、これらを集めて編集すると非常に明瞭な組織の三次元像ができる。

蛍光顕微鏡による画像化は、最近になって多光子蛍光顕微鏡によってさらに進歩した。この種の顕微鏡は、本書の序章で述べた、科学者が生きたマウスの脳でアルツハイマー斑〔老人斑〕の検鏡に用いたものである。多光子顕微鏡は他のすべての蛍光顕微鏡の画像形成法とは全く異なる方法によって画像を作る。共焦点顕微鏡は組織内のピントの合っていない蛍光物質も励起するが、そこからの蛍光が観察者に届かないようにしている。多光子顕微鏡も同じ結果をもたらすのだが、方法は異なる。レーザー走査型共焦点顕微鏡と同様に、多光子顕微鏡もレーザー光線で顕微鏡の小さい視野全体を走査して画像を作る。しかし多光子顕微鏡は組織内の非常に薄い面しか励起しない。この限られた励起は、特殊なフェムト秒パルスレーザーによって達成される。この種のレーザーは一回の閃光の持続時間が一秒の千兆分の一という、非常に短い光のパルスの流れを送り出す。これを分かりやすく言い直すと、(地球ができて以来の時間である)四六億年を一とすると、その千兆分の一は二・五分以下となる。各パルスのエネルギーは非常に大きいが、パルスとパルスは比較的長い真っ暗な期間で分断されているので、レーザーは細胞に損傷を与えない。それでも組織中でレーザーが焦点を結ぶ点では、パルス時は光子の流束密度(組織に何個の光子が当たるか)は非常に高い(実際に非常に高いので、パルスになっていなかったら、組織および顕微鏡の一部は瞬時に蒸発してしまうだろう)。〔最初の光子によって励起された〕分子は、余分のエネルギーを光として放出する前に二番目の光子と衝突するので、強力なエネルギーは通常の蛍光〔発生〕過程を変えてしまう。通常よりもさらに高いエネルギーレベルに励起された電子は、励起光よりも波長の短い蛍光を放出する。多光子顕微鏡はこの特殊な方法によって、見たところ不透明な組織の奥深くの構造をくっきりした像として浮かび上がらせるのである*。

免疫蛍光法とこれらの最新の顕微鏡を組み合わせれば、タンパク質の所在を特定の細胞、あるいは細胞内の特定の部位にさえ限局することができる。しかし抗体は大きなタンパク質であるため、無傷の細胞膜を通り抜けることができないので、免疫蛍光法は死んだ細胞にしか用いることができない。

蛍光組織学的方法の発達によって、細胞内のタンパク質の局在化に対する知識が著しく進歩した。抗体を使った技術は、高度に組織化された細胞集団と、それらを特徴づけるタンパク質を明らかにした。しかしこのような組織学的方法はかなりの成果を挙げはしたが、科学者たちはじきに、死んだ組織や培養細胞の利用には限界があると気づいた。生物学の研究とは結局、生きた生物中の細胞機能の研究なのだ。せっかく共焦点および多光子顕微鏡が、生きた組織を損なわずにその深部の蛍光色素や標識の像を得る方法を提供しても、抗体やレポーター色素は簡単には生きた組織に入り込めない。これらの方法に必要な抗体や色素などの外来物質を細胞内の標的に到達させるためには、組織や細胞に穴を開けなければならないことになる。必然的に、抗体染料やレポーター色素は研究対象の細胞にとって有害であり、したがって生命を研究するためには、とうてい理想的な方法とは言えなかった。

*〔訳注〕多光子顕微鏡がなぜ組織の奥深くの像を得られるのかについて、原書の説明があまり適切でないように思われたので、以下に補足する。

多光子顕微鏡には赤外線レーザーが使われる。赤外線レーザーは細胞に与える損傷が小さく、しかも透過力が大きいので、組織の深部まで届く。しかし赤外光はエネルギーが低く、蛍光色素を励起できない。そこでフェムト秒ほどの間に連続して届く二個の赤外光子によって蛍光色素を励起し、もとの励起光より波長の短い蛍光を得る。こうして生体試料を深さ〇・五ミリメートルくらいまで観察できる。

第6章

分子生物学の曙

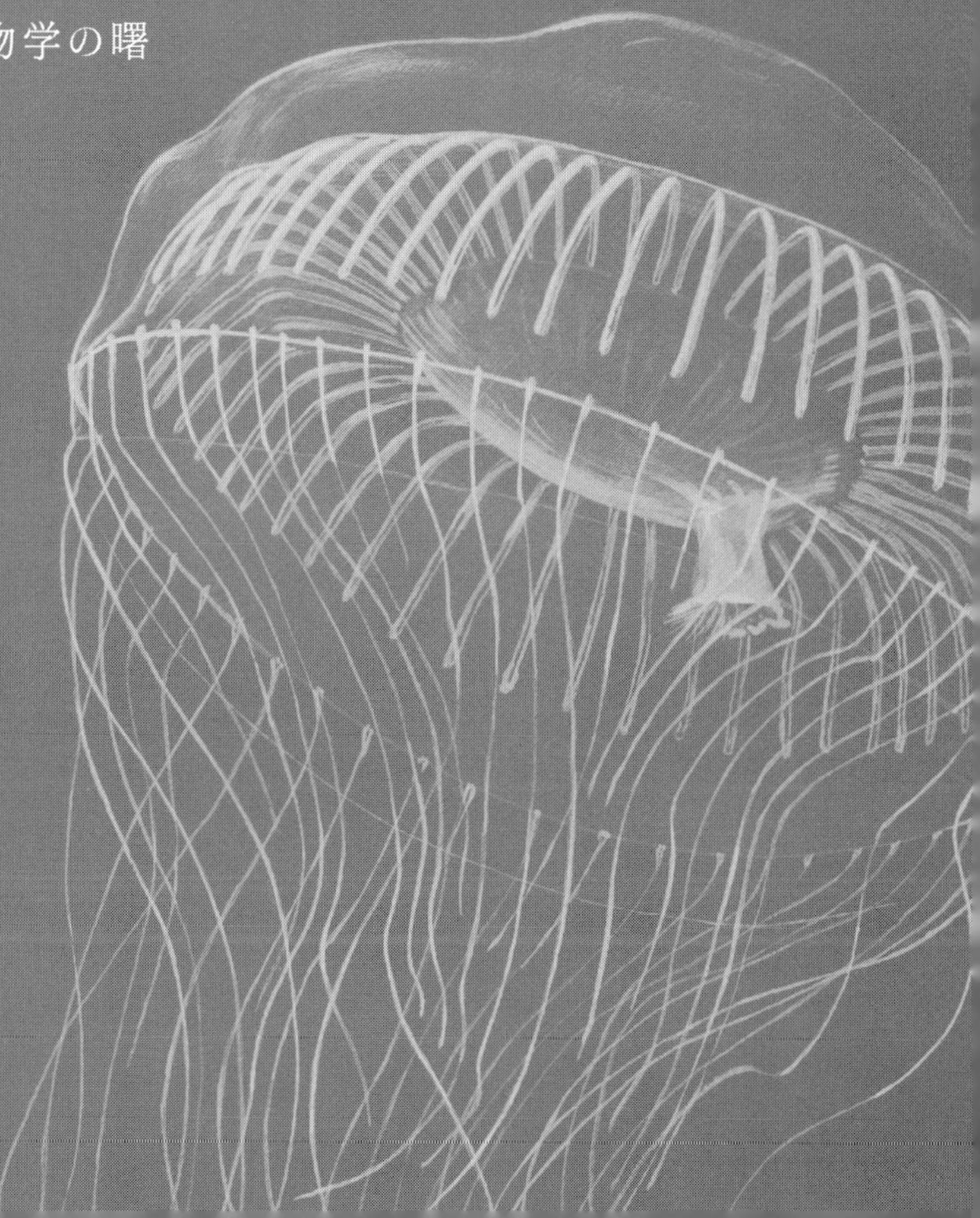

下村脩が緑色蛍光タンパクを発見した一九六一年は、分子生物学分野の革命が始まったばかりの頃だった。革命以前には、タンパク質の機能研究には、タンパク質を精製して試験管の中でその性質を調べなければならなかった。下村がイクオリンを調べたのもそのようにしてだった。しかし細胞の機能には何千種類ものタンパク質間の協力的な相互作用が必要だから、単離したタンパク質を研究して細胞の機能を理解しようとするのは、エンジンの作動するしくみを一個の点火プラグを調べて推定しようとするのと似たようなものだ。点火プラグについては何か分かるかもしれないが、自動車が動くしくみはおそらく解明できないだろう。動いているエンジンを丸ごと調べる方がずっと有意義なはずだ。分子〔生物学〕革命によって科学者たちは、生細胞内のタンパク質を研究するために不可欠の能力を手に入れた。

分子生物学革命の初期の最も重要な画期的な出来事の一つは、一九五三年にケンブリッジ大学のキャベンディッシュ研究所の、レンガ張りの小さな部屋で起こった。いずれも生物学者としての正式な教育は受けていなかったが、三六歳の大学院生フランシス・クリックと二四歳の博士研究員ジェイムズ・ワトソンが、生命の重要な謎の一つを解いたのだ。ロンドンのキングス・カレッジで彼らとは別に研究していた科学者、ロザリンド・フランクリンとモーリス・ウィルキンズからちゃっかり拝借したX線回折のデータを用いてのことだった。クリックとワトソンは部屋の中にDNA（デオキシリボ核酸）の大きなモデルを組み立て、研究成果をDNAの分子構造を記述した九〇〇語の論文にまとめて、一九五三年四月二五日付けの科学雑誌『ネイチャー』に発表した[1]。分子の構造決定を示したこのように簡潔な論文は珍しかった。DNAは多数の分子が端と端でつながった一続きの長いロープのようなもので、その順序は分子の言葉になっている。細胞が自分自身を構築する方法についての膨大な情報（青写真）を貯蔵できる仕組みが突然明らかにされたのだ。それ以前には、DNAがどのように機能するのか分かっていなかったが、構造が明らかにされたことによって、細胞はDNAをどのように読んでタンパク質を作り出すのかがはじめて垣間見られることになった。DNAの情報は二本の細長いロープのような分子の表面に沿って綴られており、これらは互いに巻きついてあの有名な二重らせんを作っている。一方の鎖上のアデニン（A）分子は常に他方の鎖上のチミン（T）と対を作り、シトシン（C）は常にグアニン（G）と対を作る。

DNAはある種の言語であり、四種類の塩基（A、T、C、G）が文字、一列に並んだ数百から数千の塩基対を含む遺伝子が文章の役割を果たす。遺伝子にはそれぞれ特定のタンパク質を作るのに必要な指示が書かれている〔タンパク質ではなく、tRNAなどを作る遺伝子もある〕。ある生物の遺伝子の完全なセットを、ゲノムという。生物の細胞はそれぞれゲノムを一つずつ持っている。ゲノムは演劇の台本であると考えたらよいだろう。各細胞は劇全体の台本を一冊ずつ持っているが、自分のせりふだけを読み、他の行は飛ばす。言い換えると、受胎の瞬間から、体内の細胞という細胞はすべて遺伝子の完全なセットを持つことになるので、各細胞はゲノムをまるごと持っているわけだが、それぞれの細胞は自分の特徴を決める遺伝子だけを読むのである。筋細胞は

DNAの特定の部分だけを読み、脳細胞はまた別の部分を読む。

驚くべきDNA構造の発見に促されて、微生物学者たちは分子生物学の中心原理（セントラルドグマ）を見出した。科学者たちは世界各地の研究室で、細胞の機能を説明する原理の中核を少しずつ明らかにしていった。細胞核の中ではDNA指令書が読まれて、リボ核酸（RNA）という短い別の核酸が作られる。するとこれらのRNAの短い鎖は解読されて、細胞の主な機械類であるタンパク質が作られる。ワトソンとクリックの記述したDNA構造に勇気を得て、科学者集団はDNAが貯蔵され、読まれ、転写される仕組みを解明し始めた。じきに、DNA↓RNA↓タンパク質という流れが、わずかな例外を除いて、植物から人間、ペンギンから原生動物まで、ほぼすべての生命形に当てはまることが分かった。

しかしDNAの二つの特徴が、研究を難しくしていた。哺乳動物の細胞の恐ろしく長いDNA鎖中には、各遺伝子はそれぞれたった二コピーずつしかない。そのため、これらの遺伝子の単離も配列決定も研究も難しくなる。〔研究にはまず〕個々の遺伝子に相当するDNAを大量に生産する簡単な方法が必要だった。解決法は、人の腸に普通に見られる大腸菌から得られた。細菌学者たちはすでに、個々の細菌を単離し迅速に増殖させて純粋な培養とする技術を開発していた。たったの数時間あれば一リットルの培養液中で何千億個の細菌細胞を得ることができる。大腸菌は（他の細菌も）、自分のDNAの他に、プラスミドとよばれる独立した小さな環状のDNAを持っていることがある。細菌は通常は無性生殖で増えるのだが、このプラスミドは有性生殖の原始的な形に当たる。細菌は接合管という小さな構造を利用して、互いに接合してプラスミドを受け渡す。科学者は外来遺伝子をプラスミド中に紛れ込ませ、それを細菌に導入し、細菌をだましてその外来遺伝子を大量に作らせる方法を開発したのである。

もう一つの大きな進歩は、細菌が制限エンドヌクレアーゼ、すなわち制限酵素というタンパク質を発現することを見い出したことだった。これらの酵素はDNA鎖を、それぞれ非常に特異的な配列部位で切断する。たとえば *EcoRI* と呼ばれる酵素は、GAATTCという配列部位でしかDNAを切断しない。これらの酵素は免疫系として働き、侵入してくるウイルスのDNAだけを切り、細菌自身のゲノムDNAは切らない。DNA鎖を複製、切断、消化、再結合する他の種類の酵素もじきに見つかった。プラスミドと酵素類を手にした科学者たちは、長いDNA鎖を短くて扱いやすい断片に切り、プラスミドに組み込むことが可能になり、それを増幅させて研究できるようになった。さらに、細菌をだまして、細菌自身のタンパク合成装置を使ってどんな遺伝子からでも大量のタンパク質を作り出させることもできるようになった。

微量のタンパク質の精製のために、膨大な量の動物を集める時代は終わったのだ。以前は、ほんの一つまみの純粋な物質を得るのに、大量の目的動物を細かく砕き、その後には（終わるまでに何日もかかることもある）長くて退屈な過程が続いた。たとえば下村は二・五トンを超えるクラゲを網ですくい、得たのは一〇〇から二〇〇ミリグラムのイクオリンである。[2] 新しい分子生物学の方法を使えば、ほぼどんなタンパク質をコードするDNA配列でも、細菌に導入できる。これ

分子生物学革命以前、ホタルから発光物質を抽出しているウィリアム・マッケルロイ。エドマンド・ニュートン・ハーベイのもとで博士課程を終えたマッケルロイは、生物発光の指導的な研究者であり、1969年から1972年までアメリカ国立科学財団の理事長を務めた。Photo courtesy of J. Woodland Hastings.

らの細菌に当のタンパク質を作らせる刺激を与えてやれば、一研究室で一晩のうちに何グラムも得ることができる。元の遺伝子を持っていた動物を、再び集める必要はなくなったのだ。

その上、タンパク質のアミノ酸配列を決定した後、そのタンパク質が細胞内でどのように機能するかも調べられるようになった。以前は、タンパク質の機能は主として生化学的な研究課題だった。対象とするタンパク質を精製し、基質を加え、結果を観察したのだが、今やタンパク質の機能は、試験管内ではなく、生きた生物内で調べられる。新たにクローニングされた遺伝子は広く提供された、細胞の機能の知識は大躍進を遂げた。

科学者たちは多細胞生物を研究し始めると、それらの遺伝子がタンパク質合成には使われない多量の遺伝物質を含んでいることに気づいた。この部分は、かつては〝がらくたDNA〟だと考えられたこともある。これらが遺伝子内に散らばっているので、タンパク質をコードしている千塩基対の配列が一万塩基対に及ぶ領域に広がっていることもある。細胞はこれらの部分をやすやすと選んで結合し直して正しい配列を生み出す。科学者にとっては遺伝子中でタンパク質をコードしている部分をつなぎ合わせるのは至難の業なのだが、別の生物工学の大発見がこの問題を解決した。ウイルスが引き起こす白血病の研究をしていたデヴィッド・ボルティモアとハワード・テミン〔と水谷哲〕は、これらの病原ウイルスが独特の性質を持つことを一九七一年にそれぞれが独立に発見した〔本章注3にあるように、実際には一九七〇年六月発行の『ネイチャー』に発表された。そこにはボルティモアの論文と、テミンおよび水谷による論文が同時に掲載されている〕。ウイルスがマウスの血液細胞に感染すると、RNA型のゲノムからDNA型のコピーを作り出し、それをマウスのゲノムに挿入する。するとマウスは自分自身の遺伝物質に加えて、知らずにウイルスDNAのコピーも作ってしまう。この種のウイルスはレトロウイルスとして知られるようになり、一九八三年にはじめて記述されたＡＩＤＳの原因となるヒト免疫不全ウイルス（ＨＩＶ）もこの仲間である。ＲＮＡからＤＮＡへのこの変換は生物界では珍しく、ＤＮＡからＲＮＡへという遺伝情報の転写の基準に逆行するものだった。ボルティモアとテミンは、この変わった酵素を精製して特性を調べ、逆転写酵素と呼んだ。[3]

ボルティモアとテミンは、この酵素の生物工学的な価値を見逃さなかったし、また案の定、この酵素を利用した強力な技術がすぐに開発された。相補的ＤＮＡ（cDNA）ライブラリーの作製は、細胞由来のＲＮＡを〔用いて、求める遺伝子を〕試験管内で〔単離〕精製する最初の方法となった。細胞はメッセンジャーＲＮＡ（mRNA）を作る過程で、翻訳されないＲＮＡ部分をすべて割愛し、タンパク質をコードしている配列だけを残して保持している。これらの短い鎖を精製し、逆転者酵素を使ってまたＤＮＡに変換して戻す。ＲＮＡに相補的なこれらのＤＮＡ鎖、すなわちcDNAを細菌のプラスミドに挿入するのだが、このとき各細菌が一個の遺伝子しか受け取らないような方法を取る。細菌の集団を、寒天培地の上で増殖させると、細胞のmRNAのコピーであるcDNAを一つずつ持つ細菌の何千個ものコロニーができ始める。mRNAというのは、ＤＮＡとタンパク合成の間を取り持つ働きをする分子である。これらのコロニーが研究対象の遺伝子を含んでいるかどうかは、迅速に調べることができる。確認されたコロニーを増殖させれば、望みの遺伝子を含む細菌の純粋な培養ができあがる。この方法によって、ある細胞が発現する何千もの遺伝子の中から一種類の遺伝子を単離することができる。この方法の利点は、cDNAクローンがタンパク質を作る情報だけを含み、ゲノムDNAに見られるような介在配列を一切含まないことである。テミンとボルティモアは彼らの発見に対して、一九七五年のノーベル生理学・医学賞を、レトロウイルスの培養に先駆的役割を果たしたレナート・ダルベッコと共同受賞した。一九八〇年代までに、新たな遺伝子の同定と特性研究は当たり前のこととなった。世界中の研究室が分子生物学の手法を利用し始め、生物学研究が発展した。

しかしこれらの分子技術は、生物発光や蛍光タンパクの研究者らにはなかなか取り入れられなかった。一九九二年になっても分子技術を利用していた生物発光研究者は少なかったが、そのうちの一人がクラゲを研究していたダグラス・プラシャーだった。一九七九年にオハイオ州立大学で生物化学の学位を取得した彼は、ジョージア大学に職を得て、細菌の遺伝学を研究した。[4] 四年後に研究基金の期限が切れると、ジョージア大学の別のグループに移った。グループのリーダーだったミルトン・コーミアは、ジョージアの沖合で集めた動物の生物発光研究を一九五〇年代から始めていた。彼はキラキラと輝く珍しい発光動物、ウミシイタケ（*Renilla*）に特に魅了されていた。ウミシイタケは刺胞動物で、クラゲ、イソギンチャク、サンゴと近縁である。ウミシイタケには（指の長さくらいの）一本の大きなポリプがあり、砂の中に体を埋めるために、固着する柄としてそれを利用している。体にはイソギンチャクのようなポリプが多数あり、一部は餌を取るために、一部は体を膨らませるために使う。潮が急に引いて体が水面から出てしまうと、縮んで砂の中へ身を隠す。餌取り用のポリプはべたつく粘液を分泌し、小さな浮遊性の生き物をからめ取る。平穏を乱されると、ポリプから緑色光を放ち、光はウミシイタケから出て海中に広がる。コーミアはサペロ島のジョージア大学海洋研究所の目の前の海辺で、干潮時にウミシイタケを楽々と収集した。コーミアのグループは、二番目にお気に入りの発光生物、オワンクラゲにも焦点を合わせた。

下村とジョンソンがこのクラゲのタンパク質の特性を調べて以来、コーミアの研究室を含むいくつかの研究室が、このタンパク質の性質の研究と、細胞内のカルシウムの動態研究への利用に興味を持つようになっていた。コーミアのグループの多くのメンバーはフライデー・ハーバーで夏を過ごし、下村と一緒に海からクラゲをすくい集めては、ほんの少量の精製物質を得るために骨の折れる精製作業を始めるのだった。

プラシャーがグループに加わったとき、コーミアは彼の分子生物学の技量を認め、イクオリンの遺伝子を単離できるかと尋ねた。もしコーミアが遺伝子を手に入れれば、彼のチームがフライデー・ハーバーで一夏かかって精製できるよりも多くのイクオリンを、ジョージアの研究室に居ながらにして一晩で作れるだろう。遺伝子があれば、彼のグループは実験のたびに何千匹ものクラゲを集める必要がなくなる。しかしクラゲの一匹一匹はごくわずかな量のイクオリンRNAしか持っていないため、遺伝子を精製するプラシャーの仕事は困難だった。それでも、RNAを得るためにクラゲの収集とそのすりつぶしに二年間を費やした末、一九八五年に彼はついに成功した。彼はイクオリンをクローニングし、生物発光タンパクを細菌に作らせられることを示した。[5]

プラシャーは後に述懐している。「あのころは暗黒の時代だった。当時は、配列決定は厄介な仕事だった。今はキットを買って、ちょいと調べて、もうそれで終わりだ。品質管理はすでにきちんとできているから」。

彼は滑り込みセーフだった。その年、不思議なことにオワンクラゲはフライデー・ハーバーから姿を消し、本書を書いている二〇〇五年の今も、戻って来ていない。「まるで自分たちがもう必要ないと知っていたかのようだ」と、ピュージェット・サウンドの海でクラゲを採って一〇年を過ごした研究者、ジョン・ブリンクスは言う[6]。一九八七年一〇月、プラシャーはマサチューセッツのウッズホール海洋学研究所（ＷＨＯＩ）で助手の地位を得たが、細菌遺伝学者だった彼は、海洋学を関心の的とする研究所で戸惑ってしまった。「その当時、生物学部門は多少の分子生物学を導入したいと考えていたのだが、私が適任とは思えなかった」とプラシャーは回想する。幸いなことに彼は、緑色蛍光タンパクの配列決定という次の研究課題に対して、小額の助成金を米国癌協会から得た。

一方、下村とジョンソンはせっかくめぐり合った緑色蛍光タンパクの研究にはほとんど興味を示さなくなっていた。彼らにとって、精製の主眼は生物発光反応の化学的・物理的性質をはっきりさせることにあり、蛍光タンパクに焦点を合わせることではなかった。確かに彼らも、クラゲがもともとの発光のエネルギーを下げるタンパク質を持つことを奇妙だとは思ってはいたのだが、他の問題に専念する研究計画を立てていた。イクオリンの発見後ほとんど一〇年間、緑色蛍光タンパクに関する論文は誰からも一つとして発表されなかった。イクオリン研究者の中には、この蛍光タンパクがイクオリンに非常に高濃度で混ざっており、光の色を青から緑に変えてしまうので、これを〝夾雑物〟とみなす者さえいた。

一九七一年、オベリア（*Obelia*）という別の海洋発光生物（サンゴやイソギンチャクと類縁の、群体を形成するヒドロ虫類）の生理を研究していたハーバード大学の二人の科学者は、緑色蛍光タンパクに出合った。生物学の教授であり、以前はエドマンド・ニュートン・ハーベイの学生であったウッドランド・ヘイスティングスと、大学院生のジェイムズ・モランは、オベリアが印象的な夜の光のショーを繰り広げるしくみを調べていた。オベリアは泥状の海底に付着し、小さい優美なクリスマスツリーのように、体全体に広がった発光細胞から同期した光を発する。この動物が手の込んだ光のショーを行う理由はわかっていないが、モランとヘイスティングスの関心はショーを行う仕組みの方だった。彼らは、オベリアには原始的な神経系があり、これが体に電気的パルスを送って発光細胞の明滅を引き起こすことを発見したが、蛍光タンパクの存在自体を意外に思い、これをさらに詳しく調べた。

彼らは二報の論文で、オベリアもオワンクラゲも蛍光共鳴エネルギー移動（FRET、発見者であるドイツの物理学者テオドール・フェルスターに因んでフェルスター効果とも呼ばれる）という特殊な過程によって、ルシフェリンから蛍光タンパクへ光のエネルギーを移動させると提唱した。[7] ヘイスティングスとモランは、イクオリンは青色の光子を出さずに励起状態のエネルギーをそのまま蛍光タンパクに移動させると述べた。彼らの解説は、下村とジョンソンの説明とわずかな違いしかないように見えるが、クラゲが青色光を出さない理由を明らかにし、後に非常に役立つことになる蛍光タンパクのこの新たな性質を解明した。ヘイスティングスとモランはまた、このタンパク質を緑色蛍光タンパク（GFP）と新たに命名した。

下村はGFPに特に興味を持ってはいなかったが、一九七〇年代に二つの論文の中でこれに触れた。一つは一九七四年、もう一つは一九七九年に発表した、GFPの結晶化についてと、このフルオロフォア〔蛍光を発する中心的な部分〕の化学的構造の解明についての論文だった。[8] GFPを唯一の研究対象として的を絞って追究した最初の人物は、自称ワーカホリックの生化学者ウィリアム・ウォードだった。ウォードの博士課程の研究は、発光有櫛動物由来のカルシウム活性化発光タンパクの精製と特徴づけに関するものだった。[9] 有櫛動物は、クシクラゲ類としても知られ、もろく透明なゼラチン質の動物で、刺すこともない。ウォードは特にツノクラゲ（*Mnemiopsis*）

という属に興味を持っていた。これはクシクラゲの中では大きく頑丈な仲間で、楕円形のオレンジくらいの大きさで、手でつかんでもばらばらに崩れはしない。彼は一九七四年に学位を授与された後、ジョージア大学のミルトン・コーミアの生物発光グループに加わった。コーミアは長年にわたってウミシイタケに関心を持っており、数個の大きな冷蔵庫には、もはや生物発光研究には適さないウミシイタケがいっぱい詰まっていた。貯蔵している間に不安定な発光タンパクは壊れてしまったが、長持ちする緑色蛍光タンパクは壊れていなかった。ウォードがコーミアと共同執筆した最初の論文は、GFPと発光タンパク間のエネルギー移動についての記述で、一九七九年に発表された。それは下村がフルオロフォアの部分的に正しい構造を提唱したのと同じ年だった。[10]その夏、下村とウォードはフライデー・ハーバーで出会った。下村によれば「有櫛動物の光感受性タンパク単離の草分けだったラトガー大学のW・W・ウォードが、ウミシイタケのGFPだけでなくオワンクラゲのGFPの研究をしていることを、一九七九年に知った。私は自分の役割が終わったと考え、GFPの研究をやめようと決心した。ウォード博士は数年後に発色団「フルオロフォア」の完全な構造を決定した」[11]。

ウォードは緑色蛍光タンパクの美しさに魅了されて、主に審美的な見地からこれを選び、ウミシイタケとオワンクラゲの緑色蛍光タンパクの特性の研究を始めた。[12]それからほぼ一五年の間、緑色蛍光タンパクの研究に精魂を傾けたのは、彼ただ一人だった。

第7章

光る線虫

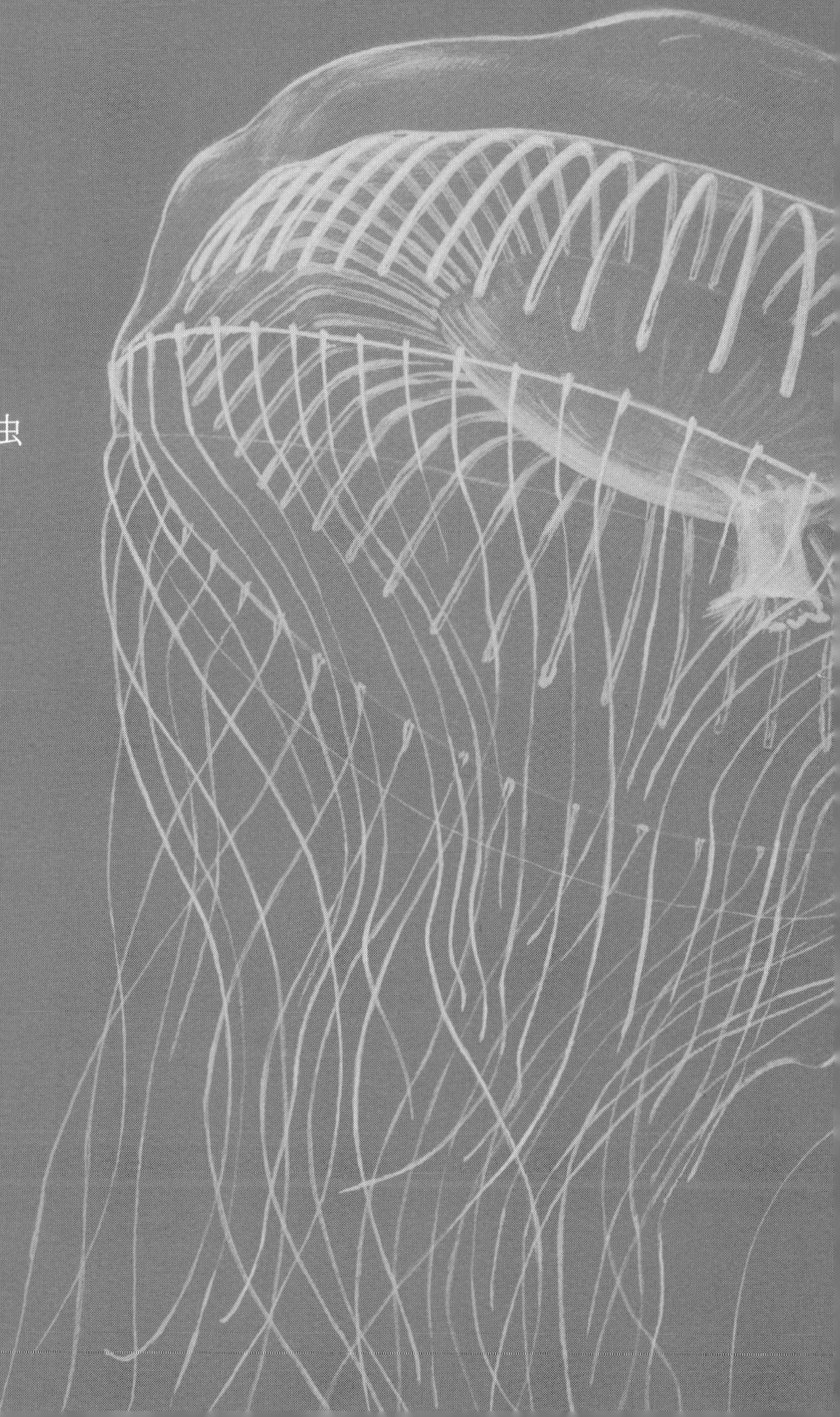

マンハッタンから五五キロ、ロング・アイランド湾からさらに奥まった入り江に位置するコールド・スプリング・ハーバー研究所は、分子生物学者たちにとって普段はのどかな居場所である。しかし一九五四年のある暑い夏の日の午後、細菌遺伝学の集中コースがちょうど終わり、世界中の研究室から来た受講者たちが講義終了のお祭り騒ぎを始めていた。ダベンポート研究室から練り歩いてきた仮装行列がブラックフォード・ホールの食堂に着くと、おふざけ騒ぎが始まり、ウイルスの仮装をした学生たちは、テーブルの下にこぞってもぐり込んだ。白い布の掛かったテーブルを、ウイルスに感染して今にも破裂せんばかりに膨れ上がった細菌に見立てたのだ。彼らは、バクテリオファージという溶菌ウイルスが細菌細胞を攻撃するようすを演じていた。ウイルスは自己複製する方法をもたないので、細菌の装置を乗っ取り、ウイルスを増殖させる命令を下す。最終的には細菌は破裂して、感染ウイルスの多数のコピーを放出する。オックスフォード大学の物理化学研究室から来た二七歳の大学院生、シドニー・ブレナーは、テーブルの下から最初に飛び出してきた。身につけているのは水泳パンツと緑色のネクタイだけだ。彼はテーブルの上に飛び乗ると、「溶菌についてのシェークスピアの素晴らしい独白」を遺伝学のおかしな専門用語を散りばめて熱演した。「彼はそのせりふをそらで演じ、延々と続けた（それは主に、彼が南アフリカでの中学時代に一部を暗記した『リア王』を元にしていたらしい……と私は気づいた）。それ以来、私はシドニーに畏敬の念を抱いている」と、この集中コースでの実験仲間だったボブ・エドガーは思い出を語る。[1]

当時エドガーは、自分が将来ブレナーのもとで研究するようになって、型破りな態度と服装で有名だった実験仲間が将来タキシードを着てスウェーデン王の前に立ち、発生学の全く新たな分野の樹立によってノーベル生理学・医学賞を受賞するのを見ることになろうとは予想もできなかった。

シドニー・ブレナーの科学者としての仕事は決して一本道ではなかったし、また朽ちかけた葉によく見られる小さな虫の研究への取り組みもやはり回り道の末にたどり着いたものだった。ブレナーは一九二七年に南アフリカのヨハネスブルクのはずれの小さな町、ジャーミストンで生まれ、父の靴修理店の奥の部屋で家族と共に暮らしていた。リトアニアからの移民だった父は読み書きができなかったが、早熟だったシドニーは四歳で読むことを覚え、それからじきに科学を独学した。「あの当時を振り返って一番面白かったことは、公共図書館を発見したことだ。もちろん家には本は一冊もなかったけれど、すぐさま大人の図書館を利用するようになり、多くのことについてむさぼり読んだ」とブレナーは語る。[2]

書籍は彼の生物学に対する情熱を呼び起こした。特にハーバート・ジョージ・ウエルズ、ジュリアン・S・ハクスレー、ジョージ・フィリップ・ウェルズによる教科書『生命の科学』[3]が影響を与えた。彼は科学には「自然からベールを脱がせる」力があることを読んで感動した。その本を買うお金もなく、かといって手放すこともできず、ついに彼はそれを図書館から盗んだ。[4]ブレナーは学業優秀で、数学年を飛び級した。一四歳でヨハネスブルクのウィットウォータースランド大学の医学部入学の奨学金を受けた。「私は優れた医学生ではなく、職業選択を誤っていた。ある科目では優れていても、他の科目はからきしだめなのだ」とブレナーは認めている。彼は医学部を卒業したものの若すぎたので医者にはならず、細胞遺伝学の修士論文を書き上げた。臨床研修に対する関心は薄いが、基礎研究には並外れた技能をもつことに感心した数人の先生や科学者のお蔭で、彼はオックスフォード大学の奨学金を得ることができた。一九五二年一〇月、彼はオックスフォードの物理化学研究室に博士課程の学生として入り、細菌がウイルスの攻撃に抵抗性を持つようになる仕組みを調べることになった。ブレナーの大学院の指導教官、シリル・ヒンシェルウッドは、細菌はウイルスの攻撃に適応して、最終的には感染や破壊から身を守るようになるという仮説を立てた。ブレナーは、細菌が遺伝暗号を変え、抵抗性の型へ変異するのだと考えた。

一九五三年四月の寒い朝、彼はフランシス・クリックとジェイムズ・ワトソンが組み立てた大きなDNAモデルを詳細に調べるためにオックスフォードからケンブリッジまで車を飛ばした。「モデルを見て相補的な塩基対について聞いた瞬間、これこそが手に負えないと思われていた生物学のすべての問題を解く鍵だ、分子生物学が誕生したのだと分かった」。ブレナーがDNAモデルを調べているとき、ワトソンとクリックは自分たちの発見について有頂天になって話しながらレンガ張りの部屋を歩き回っていた。ブレナーが彼らにはじめて会ったのがこのときだった。後に彼は、その午後は彼の科学人生にとって「重大な転機」となったと書いている。「幕はすでに上がっていて、今やすべてがはっきり見えた」。DNAモデルを眺めたあとで、ブレナーとワトソンはケンブリッジの散歩に出かけた。ブレナーは彼らの発見に興奮を覚えると同時に、この新しい発見から見ると、彼自身のバクテリオファージの研究が「取るに足らないこと」に思われて意気消沈してもいた。ワトソンは、ブレナーの研究は取るに足らないものではないと保証して自信を与え、実際に彼を「このワクワクする新たな分野に加わる正しい道に」導いた。[6]

ブレナーが一九五四年のコールド・スプリング・ハーバーでの集中コースに参加することになったのは、バクテリオファージの研究をしていたためだった。彼は博士の学位を得るとすぐ、ケンブリッジ大学で生物学者として研究を始めた。最初はキャベンディッシュ研究所で、次いで分子生物学研究所に移り、そこでフランシス・クリックと同室になった。机は部屋の中央にあり、互いに向かい合っていたので、いきおい二人の科学者は長話をすることになった。ブレナーは次のような感想を述べている。

我々の会話は普通とは非常に変わっていた。その一つは、どんな発言をしてもかまわなかったことだ――どんなにばかみたいなことでもよかった。考えをおおっぴらにすれば、他の人がそこから何かを得るだろうということが、我々には分かっていた。すべて解決してからでないと何も言おうとしない人たちもいる。そういう人たちは、人間的交流、つまり二人が互いに感情を刺激しあって生じる仲間意識という、研究の醍醐味を味わいそこなっていると思う。

私はこれこそが一番大切なものだと思う。たとえその考えがとてつもなくばかげていても！[7]

ブレナーはそれから数年で、mRNAの同定など、影響力の大きい発見をした。ブレナーとクリックは、三個の塩基対の組み合わせが二〇種類のアミノ酸のそれぞれを指定する仕組みを明らかにした。すべてのタンパク質は二〇種類のアミノ酸の組み合わせから成る。DNA塩基はわずか四種類（T、A、C、G）しかないので、単一の塩基対を使ったのでは四種類しか指定できない。二個の塩基対を使っても、（四×四で）一六種類の組み合わせ、すなわち一六種類の指定しかできない。ブレナーは二〇種類のアミノ酸を指定するには、（四×四×四の）六四種類の組み合わせが可能な、少なくとも三個の塩基対を使うことが必要だろうと提唱した。

一九六三年一〇月、当時三六歳だったシドニー・ブレナーは、英国医学研究審議会に対して、小さな線虫を対象とした大規模な研究を開始する資金を要望する短い提案書を作製した。DNA中に書かれている指示から神経系のように複雑な構造が作り上げられる仕組みを究明する彼の計画を、たったの一ページにまとめた。ブレナーの提案した研究計画は、多くの人を驚かせた。「我々は小さな線虫がよい研究対象だと思う」と彼は書いていた。[8] ブレナーは、わずか九五九個の細胞からできていて、このページの読点と同じくらいのサイズしかないちっちゃな虫は、もっと複雑な生命の理解に至る道の出発点になると考えた。この土壌線虫、C・エレガンス（*Caenorhabditis elegans*）がブレナーの興味をそそったのは、神経系を持つ最も小さな動物の一つであったこと、つまり複雑さと単純さの取り合わせの妙だった。ブレナーはハエや原生動物などのもっと一般的な実験動物のほとんどを検討したうえで退けたのち、この虫を実験室での完璧な研究対象であると見定めた。雌雄同体でありながら旺盛な性欲があり、*三日に一回増殖し、細菌という簡単な餌で育つ。単細胞の胚からスタートして、その後のすべて（つまり卵から成虫まで）の細胞分裂を調べ、一匹の虫の正確な構築方法を示す詳細な地図を作り上げようと、彼は大胆にも計画したのである。

ブレナーは、確立されたモデル生物であるキイロショウジョウバエ（*Drosophila melanogaster*）は彼の目的にとって複雑すぎる動物だと考えた。非常に単純な生物、それも発生が速く、細胞分裂と細胞の移動が光学顕微鏡で観察できるように透明な生物が欲しかった。線虫はお誂え向きに思われた。最初は多くの人が、C・エレガンスは単純すぎるので格段の努力に値するとはみなさず、「冗談のモデル生物」だと考えた。[9] しかしブレナーの素晴らしい過去の業績から、医学研究審議会は線虫研究計画を開始する資金を思い切って出すことにした。

ブレナーの最初の一歩はチームを結成することだった。線虫自体についても、ブレナーが完成させようとした類の地図作りに関しても、研究者たちの参考になるような先行研究はほとんどなかった。しかしこの困難な課題が、さまざまな経歴と国籍を持つユニークで選りすぐりの科学者の一団を惹きつけた。「チームの一員となる資格は何かと尋ねられると、『研究テーマに対する興味だけ！』と答えたのさ」とブレナー。[10] 新人たちは集まり始めた。最初に加わったうちの一人は有機化学者ジョン・サルストンで、彼は研究室で実際に手を動かす実験（彼自身「おもちゃで遊ぶ」と形容している）が好きで、舞台照明の仕事をするためにすんでのところでケンブリッジでの化学研究を放棄するところだった。一九六九年にグループに加わったとき、二七歳の彼は、伸び放題のヒゲと長髪にサンダル履きで、典型的なヒッピーのように見えたが、穏やかな態度と鋭い洞察で知られていた。[11] グループに加わる前は「シドニーの線虫は揶揄されることが多かったし、成果が上がるかどうかも一般に懐疑的に見られていた。これは私にはかなりの取り柄に思われた。皆がやっていることをやるのではあまり意味がないからね」とサルストンは思い返す。[12]

一九七四年九月には、もう一人の研究者らしくない新人、ロバート・ホーヴィッツが線虫グループに加わった。分厚い眼鏡をかけ、濃いもみ上げを伸ばした、ギャングを思わせるような屈強で強烈な印象のシカゴっ子だった。ホーヴィッツはハーバード大学のジェイムズ・ワトソン研究室を出たばかりで、彼の博士論文はブレナーと同様に、ウイルス感染によって細菌細胞が修飾される仕組みを示したものだった。彼は仕事に就く前に、「ブレナーと彼の線虫」という表現がまるで「新しいロックバンドのような」響きを持つことを面白がって、何人かにこのグループについて尋ねた。[13] ブレナーのグループは絶賛された。ホーヴィッツはケンブリッジに到着し、彼とサルストンは即座に親友になった。

研究室が拡大し始め、線虫に関する論文が学術雑誌に載るようになってくると、C・エレガンスは発生生物学者たちにだんだん知られるようになってきた。ブレナー研究室で仕事をした研究者たちは世界中へ進出しはじめ、各人が冷凍貯蔵した線虫を携えて、新たな研究室に勢力を広げていった。以前コールド・スプリング・ハーバーで実験仲間だったボブ・エドガーも、ブレナーのケンブリッジの研究室を訪れた。エドガーはカリフォルニア大学サンタクルーズ校の教授職に戻ったとき、国際線虫会議を組織し、会報『ザ・ワーム・ブリーダーズ・ガゼット（*The Worm Breeder's Gazette*）』を創刊して、それまでの非公式なネットワークをさらに強固なものにした。[14] 創刊号は一九七五年一二月に出版され、主として線虫の扱い方についての記事で構成されていた。たとえばエドガーによる記事「線虫の配送と取り扱い」は、封書による線虫の送り方についての短い文章にすぎない。「私は線虫を封書に入れてうまく送ることができた。一枚のアルミホイルの上に、小さなろ紙を三、四枚置く。飢餓状態〔にした線虫の培養〕プレートを緩衝液で洗い、この洗液をろ紙にたっぷり含ませる。アルミホイルを数回折って密封する。これを受け取ったら、ろ紙をプレートの上に載せるか、緩衝液中で洗うかすればよい[15]」。

ホーヴィッツとサルストンは一九七七年に、線虫の発生と、胚形成期以後の細胞系譜についての研究を発表した。[16] 彼らは、C・エレガンスは胚形成の間に、〔最終的に〕生き残る細胞数よりもずっと多くの細胞を作ることを発見した。これは発生の正常な過程として、一定の細胞が死ぬようにプログラムされていることをはっきりと示していた。線虫は発生中に

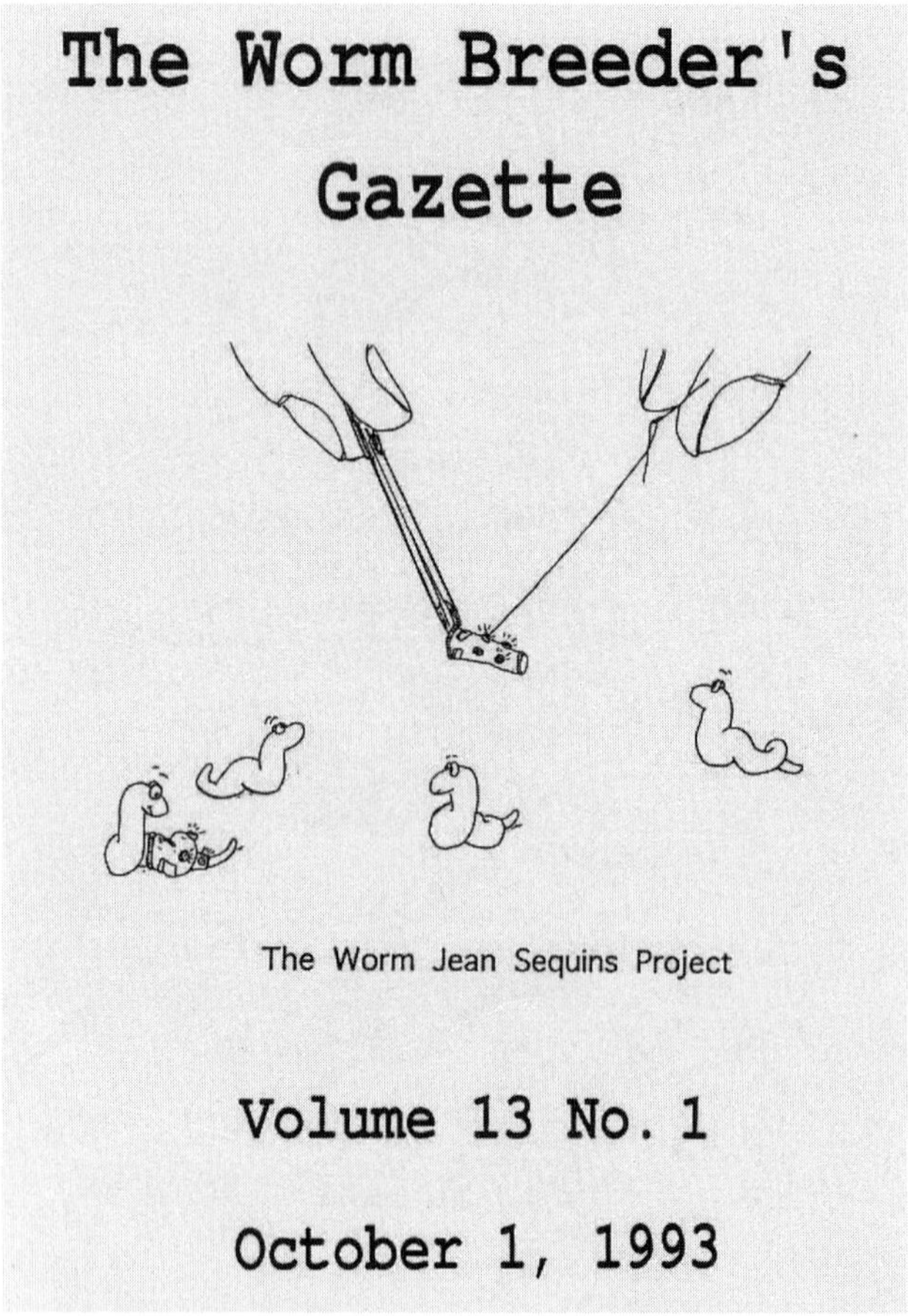

ウィリアム・G・ウォズワースによる『ザ・ワーム・ブリーダーズ・ガゼット』の表紙の漫画（図中の文字：線虫のジーンズを（スパンコールで）光らせる計画）。
〔jean（ジーンズ）と、gene（遺伝子）の発音が同じところから、遺伝子にGFPをくっつけて光らせる計画をもじって漫画を描いたもの。〕

一〇九〇個の細胞を生み出すが、成体には九五九個の細胞しかない。したがって一三一個は成熟する間に死ぬ予定になっている。なぜ線虫がこのように無駄と思われる発生をするのかは明らかではない。プログラムされた細胞死〔アポトーシス〕の過程を調節する数個の遺伝子はのちに同定された。これらの遺伝子が活性化されると、その細胞は命令されて死ぬ——実際には自殺するのだ。ホーヴィッツはのちに、線虫で細胞の自殺を制御する遺伝子の一つは、ヒトの持つある遺伝子とほとんど同一であることに気づいた。この遺伝子は癌の発生に重要な役割を果たす。ある細胞の増殖が異常になると、プログラムされた細胞死の所定の過程を開始させるのだが、この遺伝子が正常に機能しないと、癌細胞は自殺をせずに増殖を続ける。

一九七七年にホーヴィッツはボストンへ戻る旅の途中で、昔の学校の友人、マーティン・チャルフィーに出くわした[17]。チャルフィーはハーバード大学で神経生物学の博士課程を修了しようとしていた。二人はその午後をおしゃべりして過ごした。ホーヴィッツとチャルフィーはイリノイ州のスコーキーのナイルズ・イースト高校に通った仲間だった。チャルフィーはホーヴィッツと話すうち、ブレナー研究室の雰囲気と、ホーヴィッツがC・エレガンスの細胞系譜研究を完成させた成果を素晴らしいと思った。

「シドニーは僕を博士研究員として雇ってくれないかな?」チャルフィーが尋ねた。ホーヴィッツとの短いおしゃべりに触発された彼はブレナーに就職依頼の手紙を書き、ブレナーは喜んで彼を迎えると返信した。チャルフィーは線虫を研究する最初の神経生物学者となった。一九七七年、チャルフィーがイギリスへ向けて出発しようと予定していた二、三ヵ月前に、最初の国際線虫会議がウッズホールで開かれ、ホーヴィッツをはじめとする線虫研究者がこぞってアメリカへやってきた。会議へ向かう車の中で、ホーヴィッツはチャルフィーに、サルストンが触覚の受容体と思われる細胞を見つけたのだが、ウッズホールでの会議の前にはそのテーマをさらに追究する時間がなかったことを話し、細胞系譜プロジェクトについて彼と話をするように勧めた。チャルフィーは会議のポスター会場で発表をしているサルストンに近づいた。この会場では、研究者は研究内容を示したポスターのそばに立って説明をする。しかしサルストンはデータを大きなポスターに書かずに、三五ミリのスライドを窓にセロテープで貼り付けて、そのそばに立っていた。彼はスライドを使って発表するものとばかり思っていたのだ。小さなスライドに目を凝らして見入ったチャルフィーは、テーマに魅了されて、この細胞系譜プロジェクトに加わろうと決心した。のちに彼は、機械刺激感覚が自分の科学研究の中核となったと述べた。

当時ブレナー研究室はオイルを十分に差された機械のように順調だった。この新顔のモデル生物のすごいところは、研究室への新参者でも、作業に加わって技術を覚えると、じきに興味深いデータを得ることができるようになることだった。チャルフィーも例外ではなかった。ブレナー研でたった四年過ごしただけで、素晴らしいデータを集め、ニューヨークのコロンビア大学の助教の職を得た。この新たな地位でもチャルフィーは、科学研究に創造的に取り組み続けた。すでにブレナー、ホーヴィッツ、サルストンの細胞系譜研究によって、サイズが小さく、透明であるというC・エレガンスの性質は非常に貴重であることが示されていた。研究者らは生きた試料を光学顕微鏡下で直接観察するためにこれらの特性を利用していた。標準的な光学顕微鏡では、数層の細胞しか見られない。哺乳類であれば皮膚の表面の層だけでこの厚みになるが、C・エレガンスならば体全体でも数層の厚みしかないので、顕微鏡で見さえすれば、神経細胞、筋細胞、消化管が観察できる。しかし、生きた細胞の観察には非常に適した小さく透明な線虫でも、さすがに細胞内のタンパク質やDNAまでは見えない。これらの分子は標準的な顕微鏡で見るには小さすぎるのだ。クーンズの免疫蛍光法は、比較的大きい抗体を細胞に導入しなければならず、この過程で線虫がどうしても死んでしまうので、利用できなかった。

一九八八年五月、マーティン・チャルフィーはコロンビア大学の生物学科で毎週開かれるニューロランチという非公式の講演会に参加した。タフツ大学の研究者ポール・ブレームが、エダフトオベリア（*Obelia geniculata*）という海産のヒドロ虫類についての研究について論じていた。これは古風な羽ペンに似た発光生物である。生物発光はチャルフィー自身の研究からは全く外れていたが、ランチを食べながら熱心に耳を傾けた。話し始めて一五分経った時、ブレームはこのオベリアの生物発光系の不思議な性質について述べた。この動物は光を発するだけでなく、オワンクラゲと同様に、青色光を緑色光に変える緑色蛍光タンパクを持っているらしいという。チャルフィーは、蛍光タンパクが線虫研究に威力を発揮しそうだと気づき、驚きのあまり「もう少しで椅子から転げ落ちるところだった」。あまり興奮したので、ブレームの講演はもう耳に入らなかったとチャルフィー。「それは、私が興味を持っていたのがC・エレガンスの研究だったことが大きな理由だ。その講演を聴いていても私がマウスやショウジョウバエの研究をしていたのだったら、興味を引かれなかっただろうと心底思う」。

講演ののち、チャルフィーは自分の研究室でブレームと話し合い、「これ（緑色蛍光タンパク）は別の生物で発現させることができますか？」と尋ねた。彼が実際に知りたかったのは、蛍光タンパクのDNAをC・エレガンスに組み込むことができるかどうかだった。この巧妙な操作をすれば〔巧妙な操作の一例については、一三三、一三四頁を参照〕、線虫はある遺伝子を読むときに、だまされて蛍光タンパクも一緒に作る、つまり小さなランプを作ることになるからだ。もしこれがうまく行けば、いつどこで遺伝子のスイッチが入ったり切れたりするのかを、生きた線虫で観察できるようになる。チャルフィーは、厚みの薄いほとんど〝透けて見える〟動物を使って研究していたので、これは特に役立つ方法となるはずだった。彼はそれまでの研究から、ある遺伝子群が不活性化すると線虫は触覚に応答する能力を失うことも知っていた。C・エレガンスは正常ならば爪楊枝でそっと突っつくと防御的な反応をするが、これらの遺伝子に変異が起きると、突っついても反応できなくなる。チャルフィーはこれらの〝触覚〟遺伝子がどこにあるのか、どんな役割を果たすのかを知るために、それらを光らせたいと思った。

遺伝子をある動物から別の動物に導入するのは、科学であると同時に芸術的な技術でもある。生物のＤＮＡの修飾や操作は、細菌よりも複雑な生き物で行おうとすると、ますます難しくなる。たとえば蛍光タンパクの遺伝子をＣ・エレガンスに組み込むには、まずクラゲのＤＮＡをガラスの小さなピペットで胚に注入する。すると蛍光タンパクのＤＮＡは細胞核に忍び込み、そこで細胞の装置によって読まれて、蛍光タンパクを作るように指示する。その線虫が繁殖すると、光る遺伝子も子孫に伝えられる。この方法は他のトランスジェニック動物（形質導入動物）の作り方と似ている。しかしＤＮＡの小さな断片だけを加えるという点で、ゲノム全体の交換をするクローン動物の作製とは異なっている。

その当時、チャルフィーは蛍光タンパク分野をよく知っているわけではなかったが、これがかえって幸いした。というのは、このタンパク質自体は蛍光を発しないという共通の考えが大勢を占めており、下村脩、ウィリアム・ウォード、ダグラス・プラシャーをはじめとする主なＧＦＰ研究者たちはすべて、クラゲ以外の動物がこれを作っても光を出さないと思っていたからだ。分子マーカーとして追究された蛍光タンパクは、緑色蛍光タンパクがはじめてではなく、他にも数種類のタンパク質が可視蛍光を出すことが知られていた。最も有名なのがフィコビリンタンパク類で、これらはある種の光合成シアノバクテリアから単離されており、吸収した光を集光性タンパクに伝達する。これらのタンパク質のアミノ酸配列は何年も前から知られており、GFPと同様に、これらもそれぞれ特有の波長の光を照射すると強い蛍光を発する。しかしこれらのフィコビリンタンパク類の研究によって、この蛍光はタンパク質自体からではなく、合成後にタンパク質に加わった化学物質から生じることが明らかにされていた。バクテリアの酵素がこのタンパク質の外側に複雑なフルオロフォア〔蛍光を発する中心的な部分〕を加えるので、蛍光を発するようになるのだ。バクテリアはこれらのフルオロフォアを、バクテリアに特異的な多数の酵素を要する合成経路によって作り出す。だからフィコビリンタンパクをコードしているcDNAを別の生物に導入したとしても、タンパク質は作られるが蛍光を発するようにはならない。完全な蛍光タンパクを作らせるには、フルオロフォアの生合成経路の遺伝子と、これをタンパク質に結合させる酵素の遺伝子を、すべて導入しなければならないことになる。これでは蛍光を発する線虫細胞を作る方法として、あまり現実的ではない（当時は、緑色蛍光タンパクが蛍光を発するには酵素が必要だと誤って考えられていた）。

チャルフィーはブレームの講演後、GFPの分子生物学あるいは生化学の研究をしている適当な人物はいないかと、科学界を晩までかかって調べ、ついに当時ウッズホール海洋学研究所にいたダグラス・プラシャーに行き当たった。プラシャーがGFPの遺伝子を単離しようとしていることを聞き、チャルフィーは彼に電話した。彼は完全なcDNA配列がもうすぐ得られるので、完了したらチャルフィーに知らせると約束した。「そりゃ、すごい。その遺伝子を導入する透明な生物も、遺伝子を働かせる細胞特異的プロモーターも僕の手許にあるから、これは面白いことになる」とチャルフィーは答えたが、知らせの電話はついに鳴らなかった。

一九九一年にプラシャーがGFPを研究していた建物は、同じウッズホールにある海洋生物研究所に移っていた下村の研究室と数棟しか離れていなかったのだが、奇妙なことに彼らは共同研究することはなく、話をしたのもたった一度きりだった。プラシャーよれば、「別に理由があったわけじゃない。私は彼のところへ行って話をするようなタイプじゃなかっただけだ」。両者がフライデー・ハーバーでクラゲを集めていたとき、プラシャーはGFPの配列決定の取り組みについて短い講演をしたことがある。「彼と同じ部屋にいたのはあの時一度きりだった」。講演のあと、彼らは短い言葉を交わした。「GFPが発現したら、蛍光を発するだろうとは彼は思っていなかった」とプラシャーは当時を思い返して言う。[18]

プラシャーはGFPの遺伝子の配列決定をしようと、数年間にわたって孤独な闘いを続けた。彼がついにこの仕事を完成したとき、何の称賛も受けなかった。[19]米国がん協会からの研究資金はそれより二年近く前に底を突き、彼によれば彼の研究に「ほとんど興味を示さない」研究機関で独りで仕事をしていた。「助成金を申請し、孤立した環境のもとで研究するのは私の好みではないと思い込んでいた」。オーティス空軍基地内にある農務省のマイマイガの研究施設に仕事が見つかったが、プラシャーは「政府機関のために働くことなど真っ平だと思っていた」ので、最初は断った。しかし彼は考え直した。「(そこで働けば)引越す必要もなくなるし、もう助成金の申請書を書く必要もなくなる。なかなかいいじゃないか」。そこでGFPの配列を科学雑誌に発表してしまうと、一九九二年七月に彼はウッズホールと、蛍光タンパクの研究から永久に決別した。

一九九二年の後半に、コロンビア大学の博士課程一年のジア・オイスキルヒェンが研究室巡りの一環としてチャルフィーに連絡をしてきた。コロンビア大学院の新入生は、数週間の間いろいろな研究室を巡って過ごしてから、最も性に合う研究室に落ち着く。彼女はすでに化学工学の修士課程を終え、蛍光物質の研究をしていた。チャルフィーはオイスキルヒェンの研究履歴を聞いて、何年も前のブレームとの会話を思い出した。彼らは一緒にコンピューターの前に座り、MEDLINEに「蛍光タンパク」と打ち込んだ。MEDLINEは米国国立医学図書館による科学文献データベースで、コロンビア大学に導入されたばかりだった。チャルフィーはそのときの驚きを思い出してこう語っている。「いきなりダグラス・プラシャーの一九九二年の論文が画面に現れたので驚いた。『あーっ、もう出来上がっているじゃないか、うまく行ったんだ! どうして連絡してくれなかったんだろう』と叫んで、階段を駆け下りて図書館へ行き、論文を手に入れた。

そこには彼の電話番号が載っていたので私達は彼に電話した」。

　プラシャーは喜んでcDNAクローンを送ってくれたので、オイスキルヒェンは研究を始めた。彼女はプラシャーが送ってくれたプラスミドから、新しく開発されたポリメラーゼ連鎖反応（PCR）を用いてGFP遺伝子をサブクローニングし、細菌にタンパク質を作らせるための別のプラスミドにそれを組み込んだ。緑色蛍光タンパクのDNAを細菌に取り込ませたのち、細菌の一部をスライドガラスに載せ、チャルフィーの性能の悪い蛍光顕微鏡で観察した——何も見えなかった……。まあ念のためにと、彼女は以前に所属していた研究室に行き、もっと高性能の顕微鏡で覗いて見て驚いた。明るく蛍光を発する細菌細胞がスライドガラス上に広がっていた。実験はうまくいったのだ。長年信じられてきた考えとはまったく逆であるにもかかわらず、緑色蛍光タンパクのDNAはクラゲから取り出して、他の生物で働かせることができたのだ。生物学を変革することになる輝きを最初に見たのは、この弱冠二六歳のジア・オイスキルヒェンだった。しかしこの驚くべき成功にもかかわらず、彼女はGFPをさらに研究しようとは思わず、研究室巡りの短い期間が終わるとチャルフィーの研究室を去った。

　その翌年チャルフィーは、このタンパク質をお気に入りの生物、C・エレガンスで光らせようと自分ひとりで研究した。彼は線虫成体を作り上げている九五九細胞のうち、四個の特定の細胞の同定に興味を持っていた。これらの細胞は触覚を感じ取って伝えるニューロンである。彼は、これらのニューロンが*mec-7*とよばれる遺伝子にコードされているタンパク質を非常に多量に発現することをすでに知っていた。線虫はこの遺伝子を壊されると、触っても反応しなくなる。チャルフィーはプラスミド中の緑色蛍光タンパクの配列の前に、*mec-7* 遺伝子のプロモーター領域の一部を導入し、このプラスミドを線虫成体に注入して、線虫自体のDNAに取り込ませた。注入された線虫の子孫を調べると、四個の触覚ニューロン中でだけ強い緑色蛍光が見られた。これらのニューロンとその長い突起が蛍光標識されていた。この標識による研究法によってチャルフィーは線虫の発生を観察し、*mec-7* 遺伝子のスイッチがいつ入るのか、これらの細胞が触覚ニューロンとしての性格をいつ獲得するのかが正確に分かるようになった。

チャルフィーは一九九三年一〇月一日付の『ザ・ワーム・ブリーダーズ・ガゼット』に、「光る線虫——シーエレガンスの遺伝子発現を観察する新しい方法」と題する五段落の論文を発表した。論文の出だしは、

オワンクラゲの自ら蛍光を発するタンパク質（緑色蛍光タンパク、GFP）を利用して、C・エレガンス（および他の生物）中での遺伝子発現を見る新しい方法を開発した。GFPは青色光を照射すると明るい緑色の蛍光を発する。この蛍光はオワンクラゲに特異的な他の成分にはまったく依存しないことを見出したので、GFPはたとえばlacZ〔β-ガラクトシダーゼ〕の代わりに、融合させて遺伝子発現を見るために使える。

論文は次のように締めくくられている。「我々はGFPの使い方についていろいろなアイデアを持っていますが、他の方々も多くの考えをお持ちのことと思います（…）我々はC・エレガンス研究者に有用だと思われるプラスミドを一揃い作り出しました（…）これらのクローンを使ってみたい方は、その旨ご連絡（手紙、FAXあるいはe-メール）下さい[20]」。

四ヵ月後の一九九四年二月一一日、一流の科学雑誌『サイエンス』に「遺伝子発現マーカーとしての緑色蛍光タンパク」の論文が掲載された[21]。チャルフィーは、緑色蛍光タンパクはクラゲから取り出しても発現し蛍光を発する、という考えを試す勇気と動機と技術を持ち合わせており、それが報われた。このタンパク質は新たな分子生物学革命にとって、ほとんどお誂え向きのものだった。細胞培養と遺伝子導入の新方法により、哺乳類の培養細胞内でタンパク質を発現させられるようになり、トランスジェニック技術により、ほぼどんな生物内でも外来遺伝子の発現が可能になった。数年のうちに緑色蛍光タンパクは植物、カエル、魚、マウス、ヤギ、ウサギ、サル、ハエ、甲虫、ヤツメウナギ、酵母で発現されることになった。このタンパク質はほぼどんな生物内で発現させるのにも非常に適していたが、これは物語の始まりにすぎなかった。ほんの数年の間に緑色蛍光タンパクは完全にリニューアルされることになった。

＊〔訳注〕C・エレガンスの生殖について、一二三ページの記述に補足しておく。雄は雌雄同体に対して性欲があるような行動をするが、雌雄同体はそのような行動をとらない。

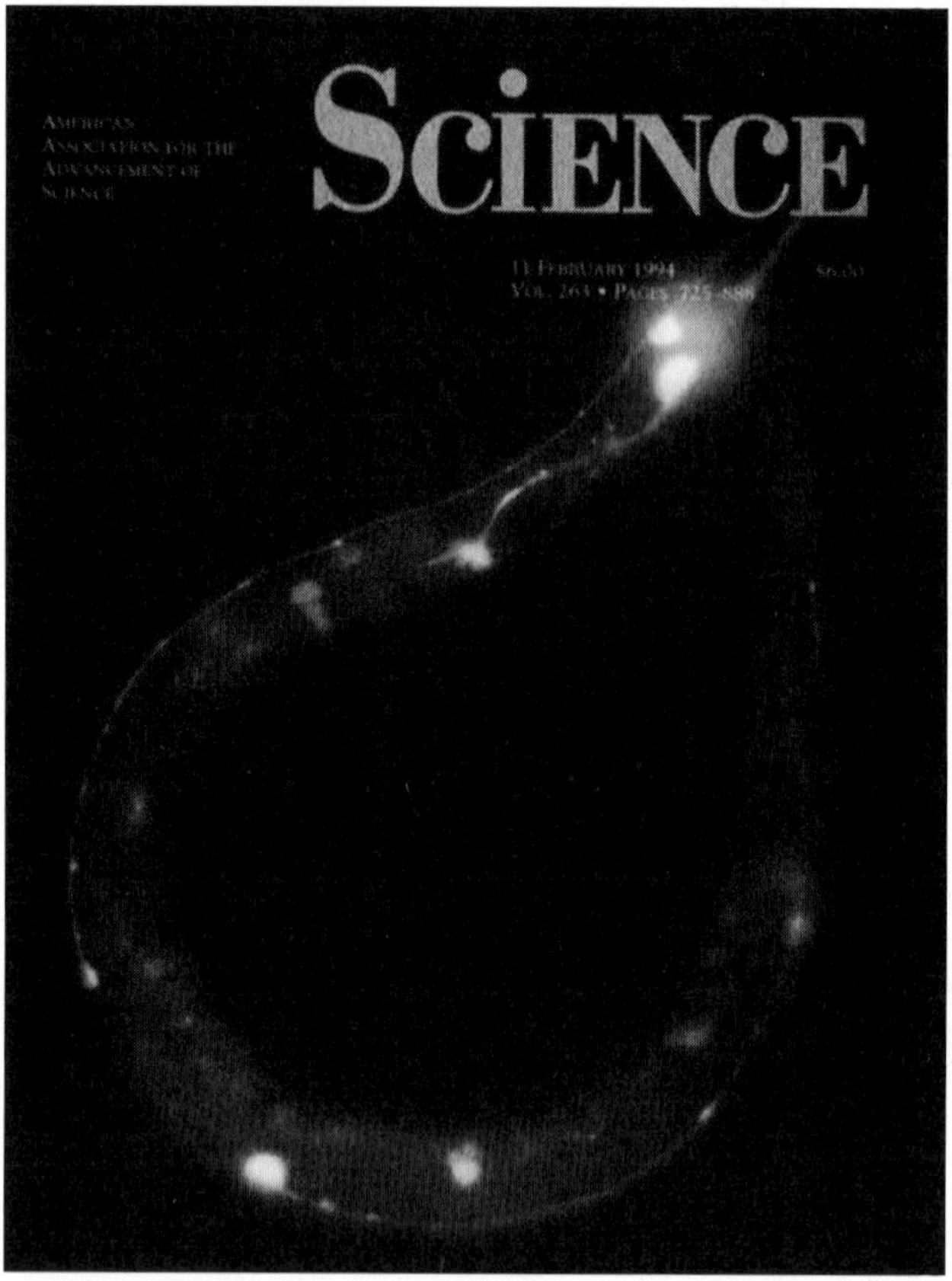

細菌と線虫（C・エレガンス）中での緑色蛍光タンパクの発現が報告されている『サイエンス』1994年2月11日号 の 表 紙。 Photo by Martin Chalfie. *Science*, vol.263, February 11, 1994より許諾を得て転載。©1994 American Association for the Advancement of Science, Washington, D.C.

第8章

蛍光スパイの開発

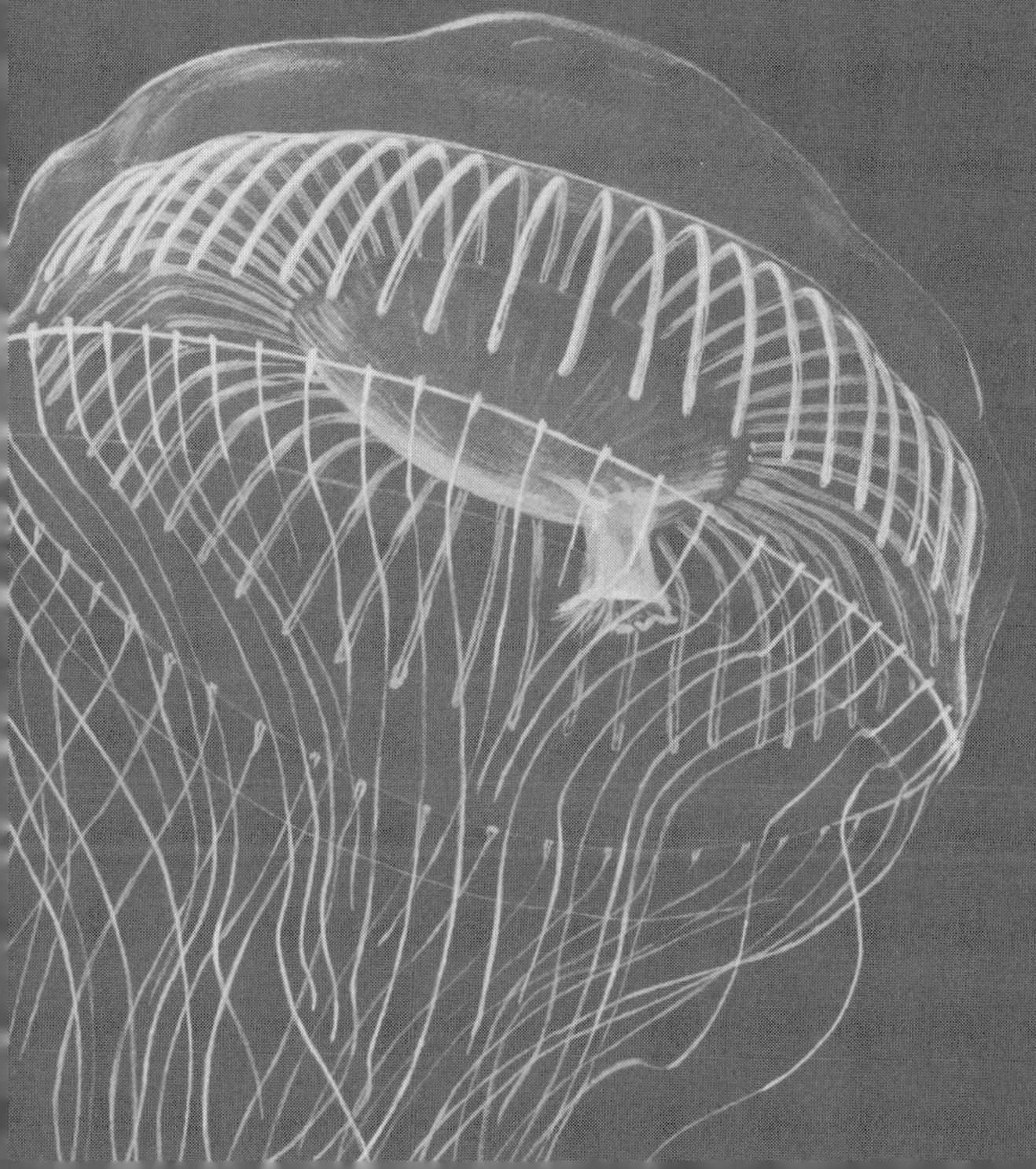

カリフォルニア大学サンディエゴ校の太陽の降り注ぐ海岸キャンパスには、分子によるスパイ活動の世界的リーダーの一人が率いる研究室がある。ロジャー・ヨンジェン・チエンは豊かな経歴の大半を、細胞が機能する仕組みを探る技術の開発に当ててきた。彼の光学分子プローブは、生物学者が細胞の内部に隠された実態を研究する方法を改革した。彼は何百もの科学論文を書き、研究に対して与えられる何十もの賞を獲得し、六〇を超えるアメリカの特許を持っている。チエンのアイデアは豊富かつ収益性が高く、一つは一九九五年に、一〇億ドル規模の生物工学企業の共同設立につながった。しかしチエンを突き動かしているのは金ではなさそうだ。彼はボタンダウンのデニムシャツを着て、自転車で仕事場に向かうのを好み、目の悪い麻痺のある犬キリを抱いてラ・ホーヤの街を散歩している姿がよく見かけられる。研究室のメンバーに言わせると、彼が一番好きなのは、研究を推し進める方法を熟慮したり、生物学研究の新たな方法を考案したりしながら、広い三階の研究室を歩き回ることらしい。

チエンはヒトの体を「中程度の大きさの都市」とみなしており[1]、大都市とは考えていない。それは、彼の言によれば、ヒトのゲノムの持つ遺伝子はわずか三万五千個で、無秩序に広がる雑草と比べてもさほど多くないからだ。たとえばシロイヌナズナは二万七千個の遺伝子をもつ。チエンにとって、ヒトゲノムプロジェクトは有用な市民の名簿を作ってくれたが、彼が最も興味深いと考えることがらに対する知見を与えてはくれなかった。すなわち、住民がどのように暮らし、どのように仕事を行っているかということについてである。彼は生化学と生物物理のDr・H・P・

ハイネケン賞受賞後の講演で、「町の住人と同様に、細胞内の個々のタンパク分子は生まれ、修飾され（すなわち〝教育を受け〟）、あちこち旅をして回り、仲間どうしで互いに協力しあるいは競い合う。細胞から外へ出て行くタンパク質もある。他のタンパク質を殺す役割のものも二、三ある」と述べた。[2] 彼の研究は主として、この細胞の「人類学」の理解に向けられていた。化学的手法や分子的手法を利用すれば、タンパク質の社会的相互作用を観察し報告することができる。チエンは、タンパク質に分子の「無線首輪」を付けて暗殺し、その結果、細胞のどの活動が継続し、どの活動がだめになるかを見るという、さらに巧妙なスパイシステムも開発した[3]〔無線首輪は、現実には野生動物などの首につけ、それが発する電波によって居場所を知るためのものである。しかしスパイ映画やアクション映画では、リモコンによって首輪を爆発させられるようになっており、これをつけられた者は居所が知れてしまうのみならず、悪者に生殺与奪の権を握られているという設定になっていることが多い。ヒトを都市、分子を住民とみなしたところからこのような比喩を使ったようだ〕。無線首輪の爆発は、光分子不活性化〔ＣＡＬＩ〕と呼ばれる方法によってもたらされる。潜り込ませたこのような仕掛け（プローブ）に光を当てると、酸素分子のフリーラジカル〔不対電子を持つために反応性が高い原子や分子〕が生じ、標識されたほとんどのタンパク質が三〇秒以内に殺される。チエンは無線ではなく蛍光によって、このプローブと連絡を取るのだ。

チャルフィーの光る線虫の論文が『サイエンス』に出たとき、科学界の大多数の者にとって、緑色蛍光タンパクは初耳だった。しかしロジャー・チエンは、彼のスパイ軍団の中に蛍光分子を加える方法はないものかと、しばらく前から探していた。プラシャーが一九九二年にクラゲの蛍光タンパクの配列を発表したほとんど直後に、ロジャー・チエンはクローンの試料を送ってくれるように彼に連絡を取った。その当時まだウッズホールの海洋学研究所にいたプラシャーは、喜んでcDNA試料を送ること、また「研究資金を使い果たしてしまったので研究室をたたみ、この分野の研究から完全に手を引き、近くのオーティス空軍基地内の農務省の研究施設で蚊の研究をしようと計画している」ことをチエンに告げた。緑色蛍光タンパクの遺伝子が欲しいとプラシャーに連絡したのは、実はマーティン・チャルフィーとロジャー・チエンのたった二人だけだった。

クラゲの蛍光タンパク〔の遺伝子〕がどんな細胞にも挿入できるという可能性に、チエンは大いに興味をそそられた。もしそれがうまくいけば、このタンパク質は現地生まれのスパイのように行動するだろう。選んだ細胞内で直接生じるので、細胞の防御態勢を突破する必要がないことになる。『サイエンス』にチャルフィーの論文が出る前の二年間、チエンはタンパク質の発現と再設計ができるように、研究室を大急ぎで準備していた。彼はこの領域の専門知識はほとんど持ち合わせていなかったが、有機化学と生物物理と生化学の経験があったので、分子生物学という別の分野に挑戦し、進出することに何のためらいもなかった。

一九五二年二月一日にニューヨーク市に生まれたチエンは、ニュージャージー州リビングストンの中流家庭で育った。彼の両親は一九三〇年代に中国からアメリカ合衆国に渡ってきたので、父親は工学を学ぶことができた。少年時代のチエンは化学のセットに夢中になり、地下室で遊んでいたが、じきに安全性の高い多くの市販のセットに飽きてしまった。「私は学校の図書館のどこかで古めかしい化学の教科書を見つけた。実はそこには、はるかに危険な化学物質を使ったずっと面白い反応がいくつか載っていた」とチエン。[4] 彼はすぐに火薬を作るまでになった。あるときチエンと二人の兄弟は、「チキンパイTVディナーのアルミホイル」〔TVディナーは主食やおかずを一つのトレーに盛った冷凍食品。以前は電子レンジではなく、簡単な電気オーブンが使われたため、トレーは厚手のアルミホイルでできていた〕を利用して手投弾を作るために火薬を使った。手投弾は爆発しなかったが、卓球台の一部がちょっとの間燃え上がり、家中に煙が充満した。

リビングストン高校の三年のとき、チエンは一九六八年のウエスティングハウス・サイエンス・タレント・サーチで一等を取った。これはアメリカの最も古く権威のある高校科学コンテストで、優勝者はよくジュニアノーベル賞の受賞者と呼ばれる。何千もの応募の中の一つだった彼の研究は、「遷移金属チオシアン酸塩錯体の架橋方向」と控えめな題がつけられていた。彼はこの研究を、オハイオ州立大学の大学進学前夏季プログラムで開始し、その続きはコロンビア大学の研究室の空きスペースを使わせてくれるように教授たちを「説き伏せて」、週末に通って完成させた。ウエスティングハウスの賞によってチエンはハーバード大学に通う奨学金を提供され、そこで化学と物理を専攻した。彼は「有能な学生」のための特別プログラムを受けさせられたが、一九六〇年代の終わりごろはハーバードの激動の時代であり、チエンは杓子定規な教え方をする化学の授業に満足しなかった。ピアノ演奏に強い興味があったために、化学の授業と同じくらい多くの音楽の授業を受けたが、高校時代に多数履修した大学レベルの化学の単位があったので、科学の専攻を終えることができた。ハーバードでの最終年に、蛍光に興味を持ち、脳を研究するために視覚化する技術を開発できないかと考え始めた。

一九七二年一月、チエンはマーシャル・エイド記念委員会から、ケンブリッジ大学で学ぶための全額給付の奨学金を提供するとの手紙を受け取った。委員会は骨格筋生理学者リチャード・エイドリアンを彼の指導教官として指定したと書かれていた。チエンは筋肉には興味を持っていなかったので困惑し、すぐに兄のリチャードに電話して相談した。リチャードは著名な神経生理学者で、オックスフォード大学のローズ奨学生〔オックスフォードの大学院生に与えられる世界最古で最も栄誉ある国際的な奨学金制度〕だった。ロジャーは、エイドリアンがかつて兄の論文の審査委員を務めたことを知っていた。「時代遅れの骨格筋の仕事なんかしたくないんだよ。脳の研究をしたいんだ」と言うチエンの愚痴に、兄は答えた。「心配するな。リチャード・エイドリアンは正真正銘の英国の紳士だから、お前が本当にやりたい仕事が何であれ、それをやらせてくれるよ。あそこはこちらよりずっと自由なんだ」。「それなら何も言わないことにしよう。マーシャル委員会に抗議の手紙は書かない。成り行きを見守ることにするよ」とロジャーは応じた。

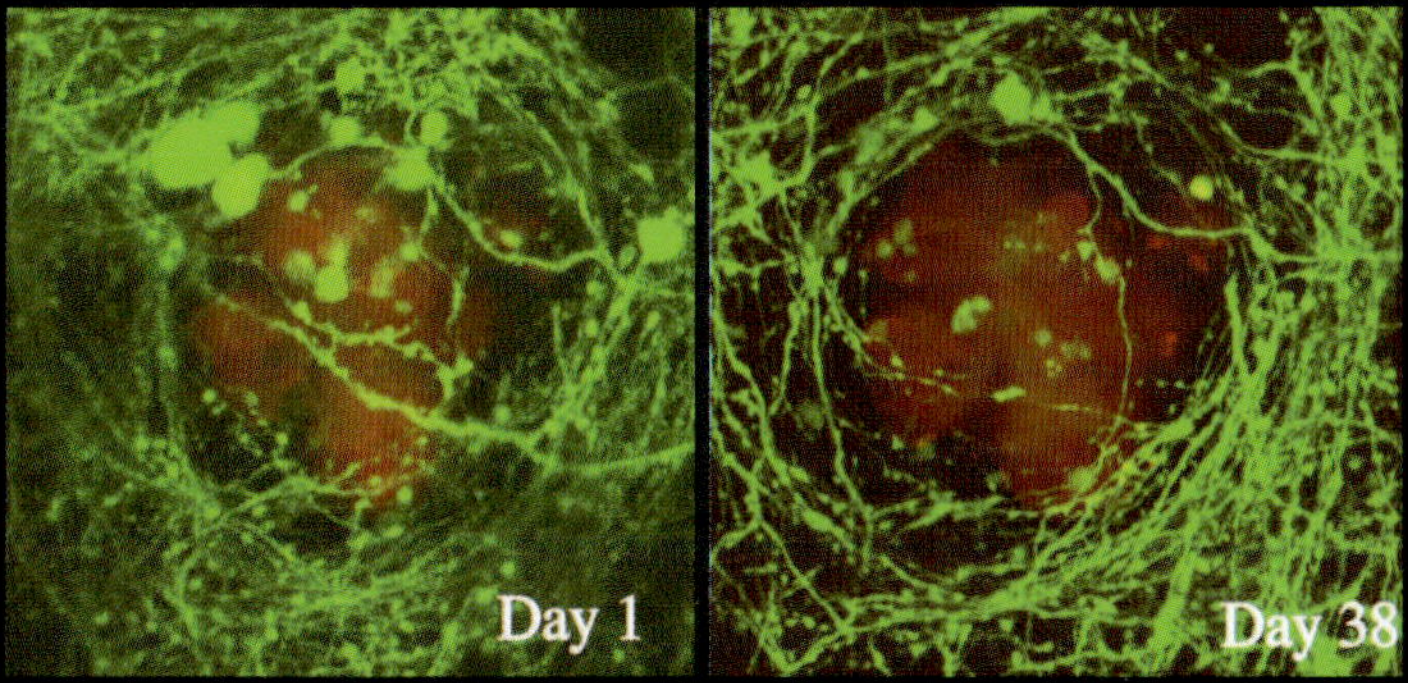

1. 一つのアミロイド沈着（赤色）を38日間にわたって観察した。沈着付近のニューロンの突起の一部は死んでしまう。Photo by Julia Tsai and Wen Biao Gan.

2. 木の枝に生えたワサビタケ属の発光キノコ。写真撮影：下村脩。

3. 発光する深海オキアミ（*Meganyctiphanes norvegica*）。体の下側にある発光器官は、海の上からの光と色も強さも完全に同じ光を出し、捕食者から自分の姿をくらます。Photo by Edith Widder.

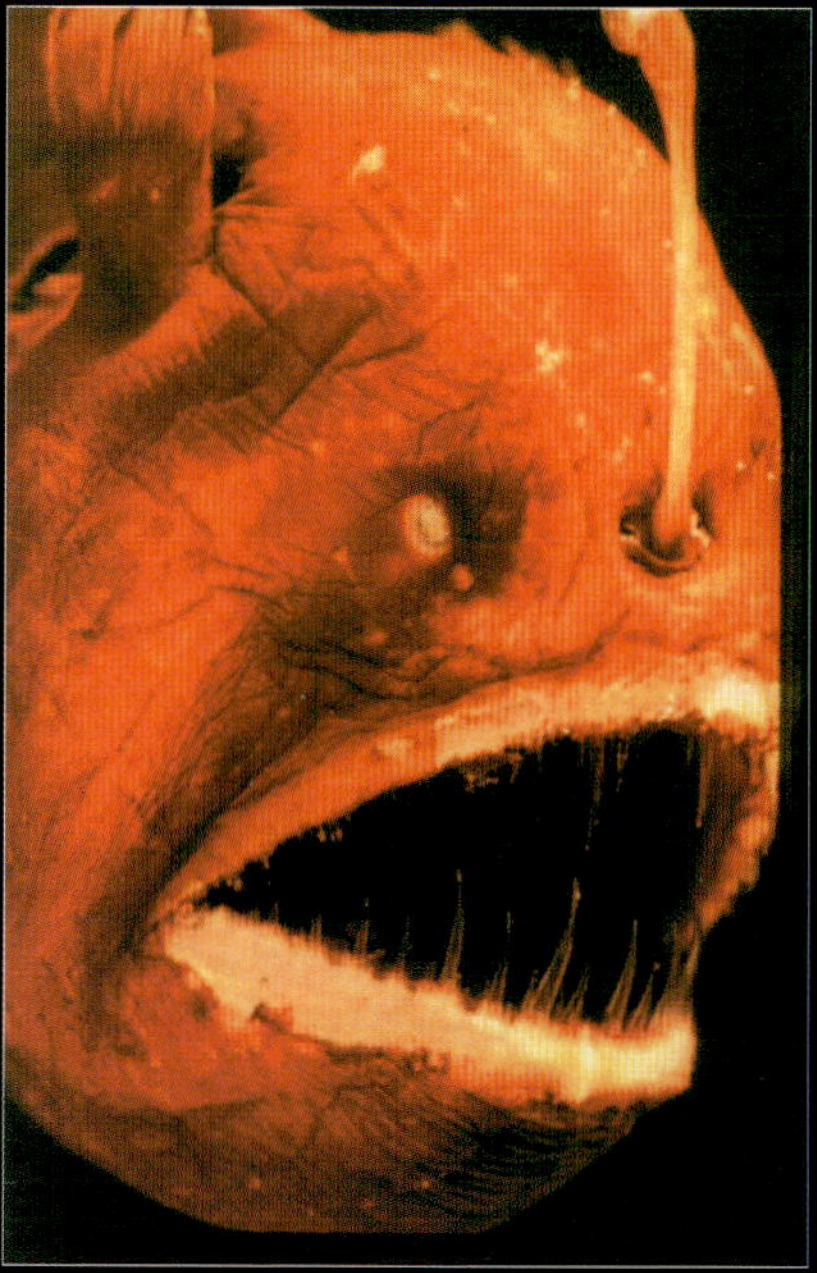

4. 上：深海のアンコウ（ペリカンアンコウ *Melanocetus johnsoni*）。獲物をおびき寄せるために使う発光擬似餌（口の上の突起の先）が見える。下：アンコウ（インドオニアンコウ *Linophryne indica*）の矮小な雄の成体のアップ写真。雌の体に融合している。Photos ©2005, Norbert Wu.

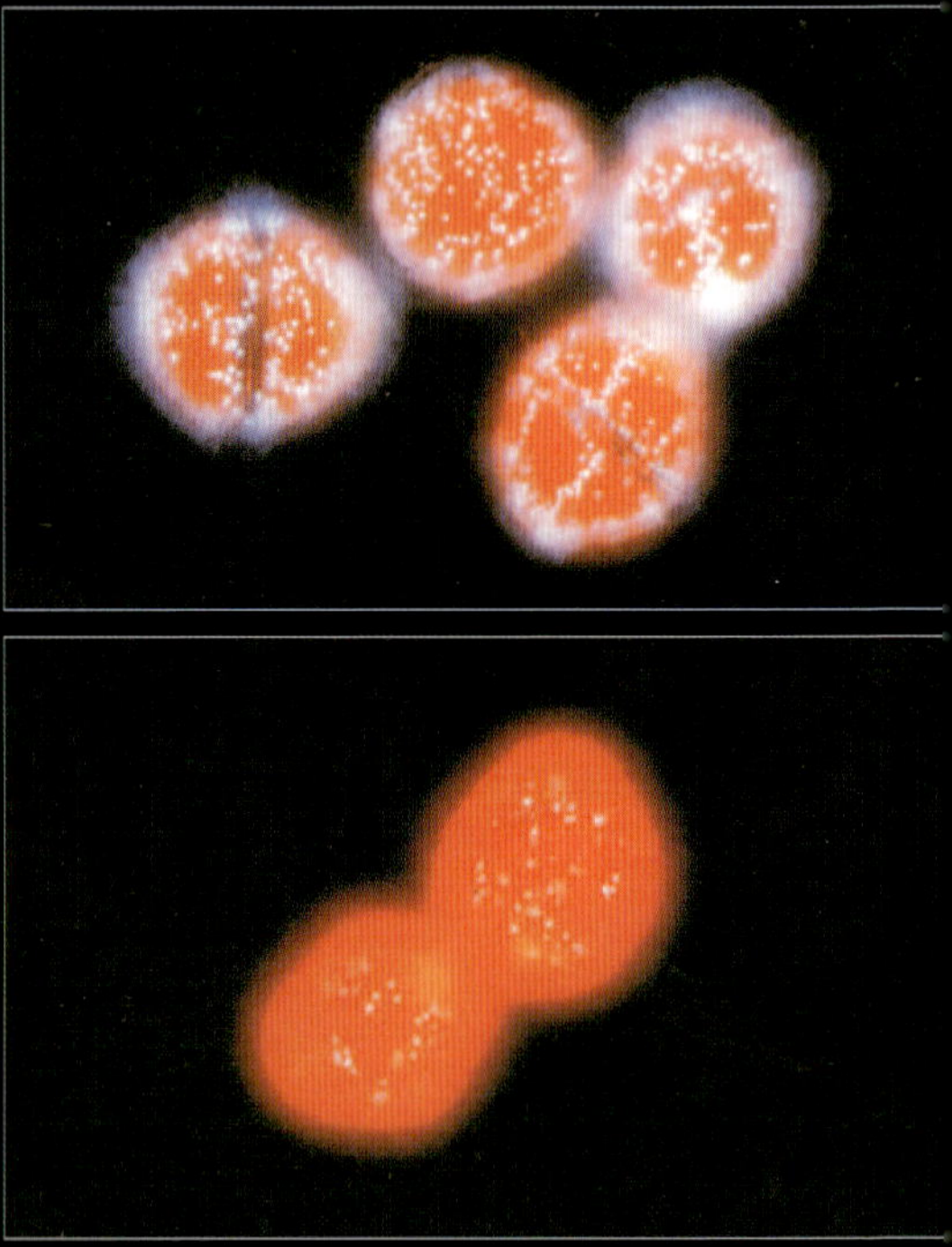

5. 発光性渦鞭毛藻（*Lingulodinium polyedrum*）の夜間（上）と昼間（下）の写真。青白い点はシンチロンとよばれる細胞小器官で、ここから光が放出される。赤い蛍光はクロロフィル（葉緑素）。Photos by J. Woodland Hastings.

6. オワンクラゲ（*Aequorea victoria*）。Photo by Claudia Mills.

7. クラゲの緑色蛍光タンパクを人工的に変異させて作られた、さまざまな色の蛍光を発する一連のタンパク質。元のタンパク質のアミノ酸配列を変化させると、励起光と発光の波長が変化する。Photo by Roger Y. Tsien.

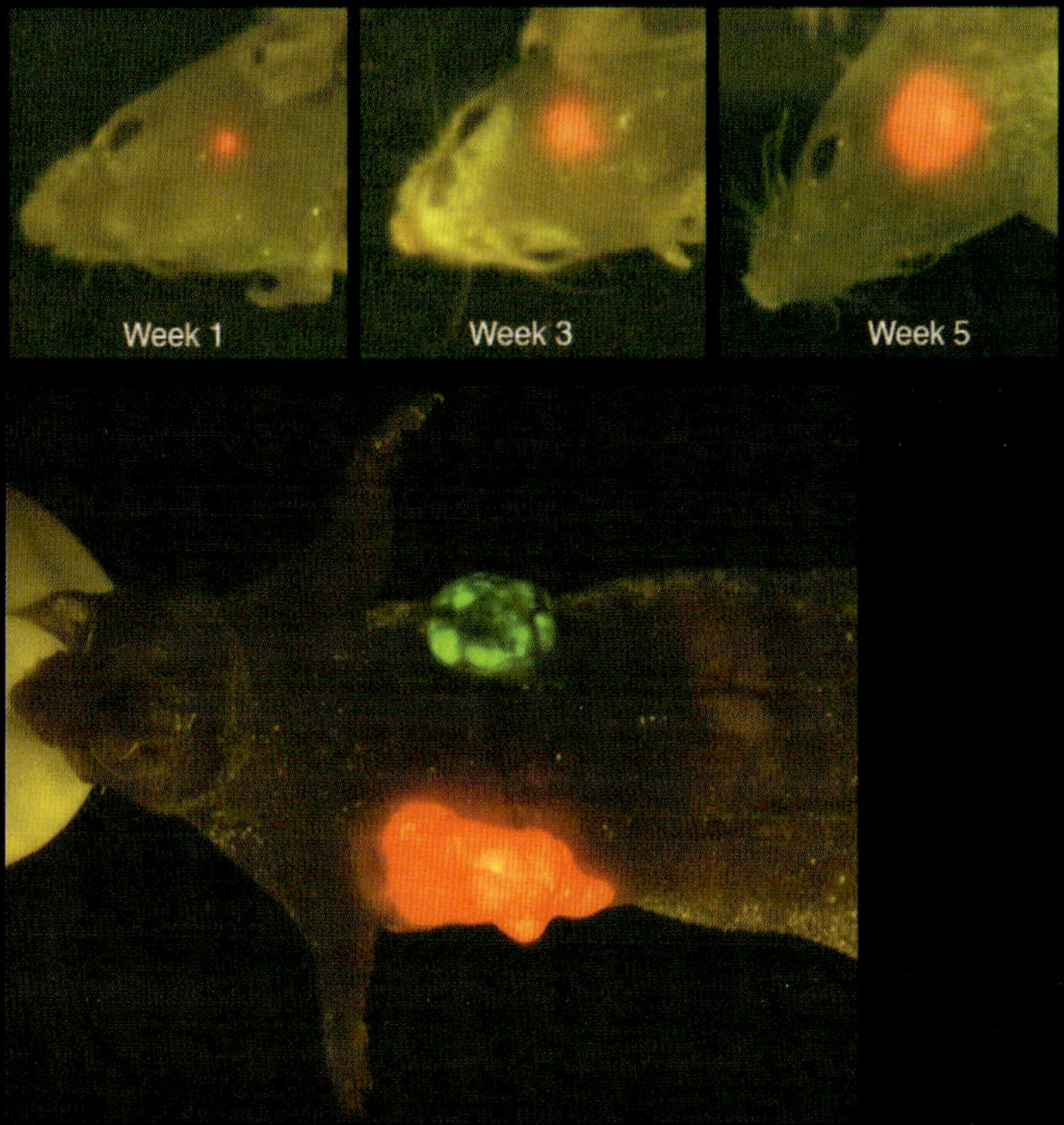

8. 上：脳腫瘍の細胞内に赤色蛍光タンパクの遺伝子を持つ生きたマウス。腫瘍は 5 週間で劇的に大きくなった。下：赤色と緑色の蛍光タンパクで標識された肺腫瘍を持つ生きたマウス。Photos by AntiCancer, Inc.

9. アメリカで購入できる、遺伝的操作で作り出した最初のペット、グローフィッシュ。このゼブラダニオ（*Danio rerio*）は赤色蛍光タンパクの遺伝子を持つ。写真の右端下側の暗い色の魚は、遺伝的操作を施されていないのでよく見えない。写真撮影：筆者ら。
〔ゼブラダニオ特有の縞模様は発光のためにはっきり見えなくなっている。〕

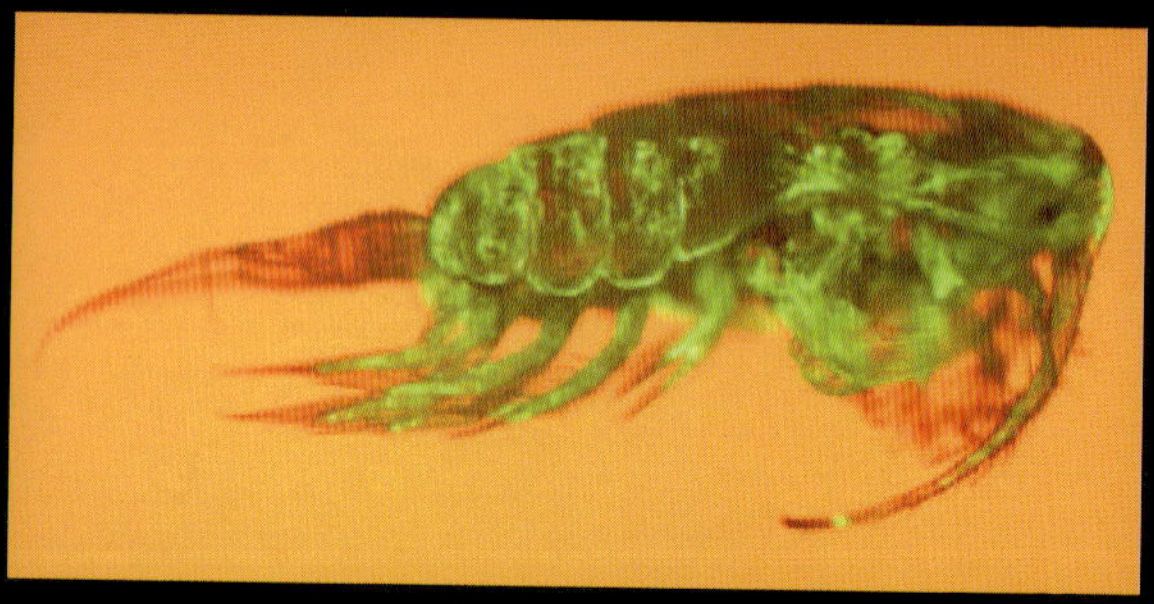

10. 小さな甲殻類、カイアシ類の一種は、蛍光タンパクを発現しているために緑色蛍光を発する。これはサンゴ、クラゲ、イソギンチャク以外で発見された最初の蛍光タンパクだった。Photo by Sergey A. Lukyanov/Evrogen.

11．オーストラリア、グレートバリアリーフ、リザード島の蛍光を発するイソギンチャク。撮影は筆者ら。

12. オーストラリア、グレートバリアリーフ、リザード島の蛍光を発するサンゴ（マメスナギンチャク *Zoanthus* の一種）。撮影は筆者ら。

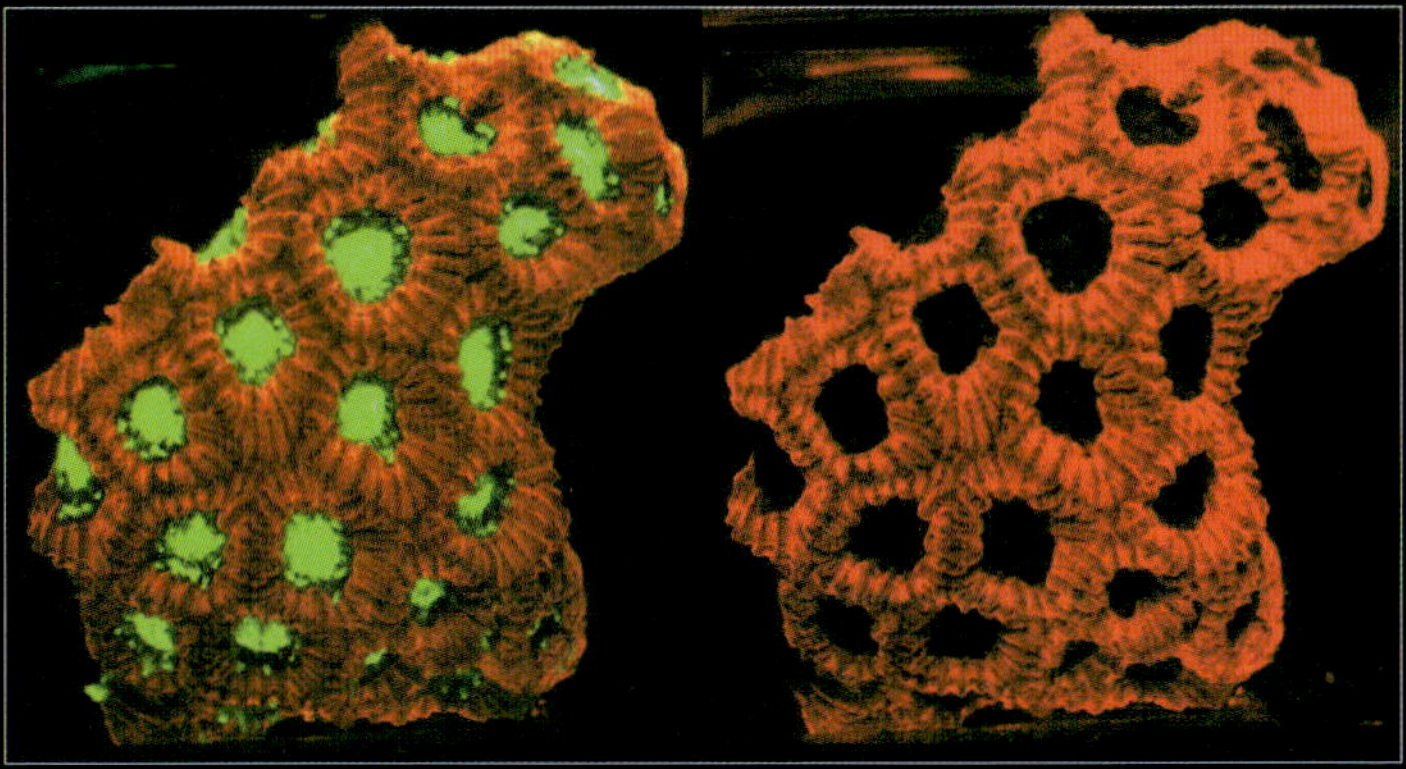

13. オーストラリア、グレートバリアリーフ、リザード島の蛍光を発するサンゴ（コカメノコキクメイシ *Goniastrea* の一種）。撮影は筆者ら。

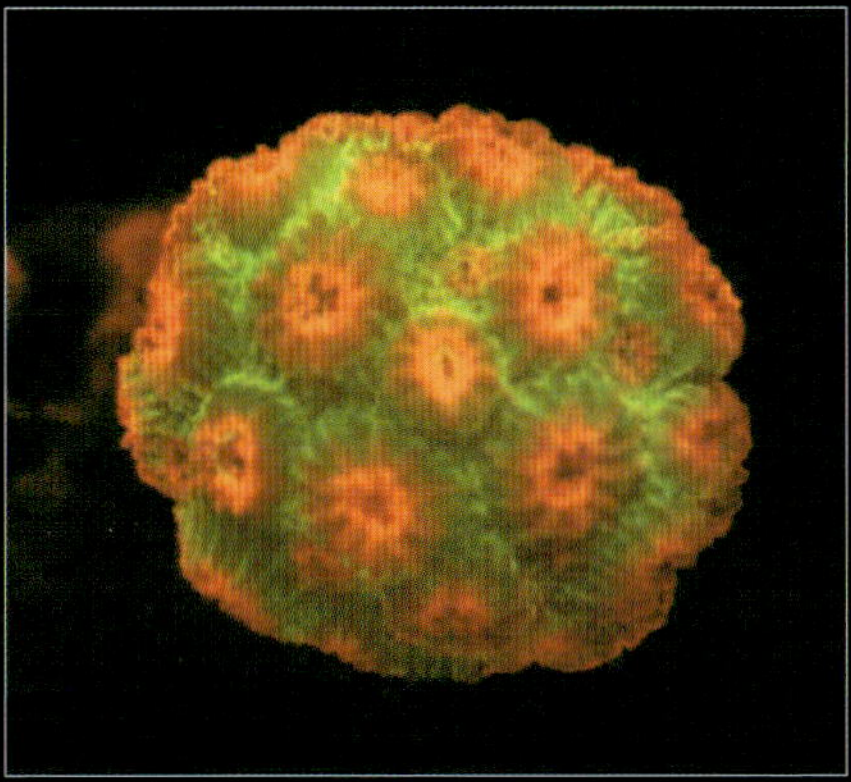

14. 蛍光を発するサンゴ（トゲキクメイシ *Cyphastrea microphthalma*）。撮影は筆者ら。

15. メキシコ湾深海の蛍光を発するイソギンチャク。Photo by Charles Mazel.

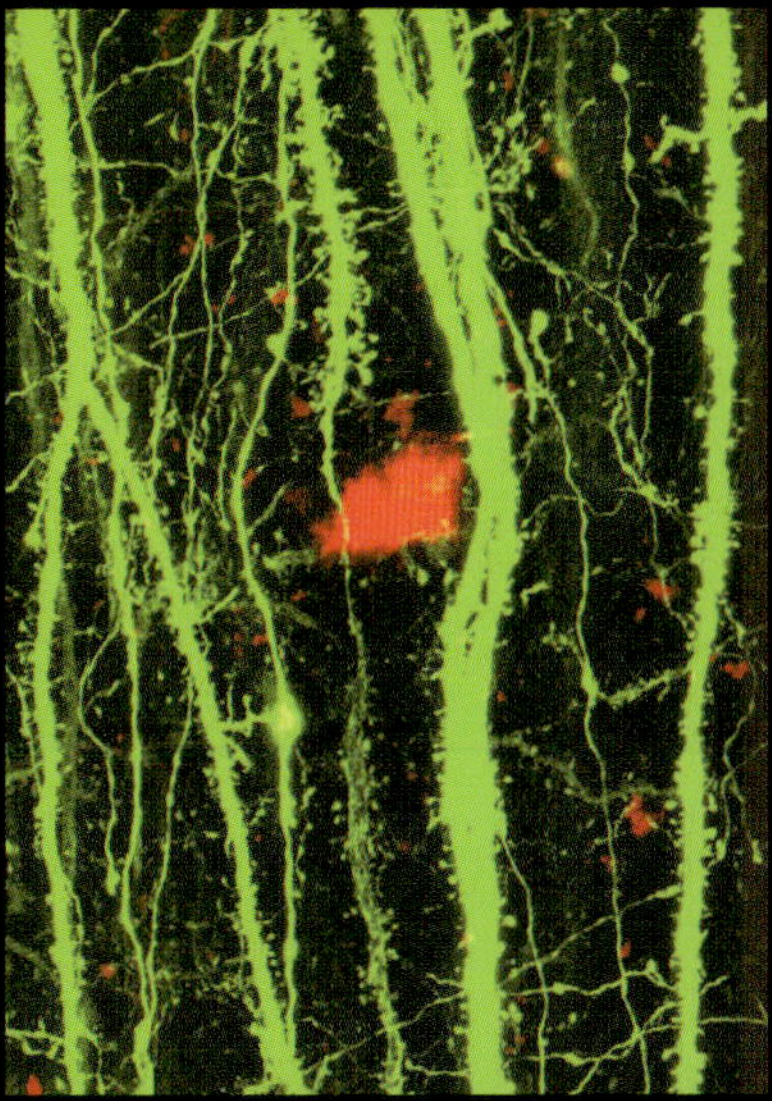

16. 上：生きた脳の蛍光顕微鏡写真。アルツハイマー病様のアミロイド沈着（赤色）を取り巻く個々のニューロンの樹状突起（緑色）が見える。写真は麻酔したマウスの頭蓋骨を薄くした領域を通して、多光子レーザー走査型蛍光顕微鏡で撮影した。緑色の各ニューロンは、人間の髪の毛のおよそ100分の1の太さである。アミロイドの沈着すなわち老人斑は、この病気の神経病理学的特徴である。

下：生きたマウスの脳内の有害なアミロイド沈着（赤色）のそばを通る個々のニューロンの突起。ニューロンの突起で沈着に最も近いものは膨らんでおり、変性の初期の兆候を見せている。
Photos by Julia Tsai and Wen Biao Gan.

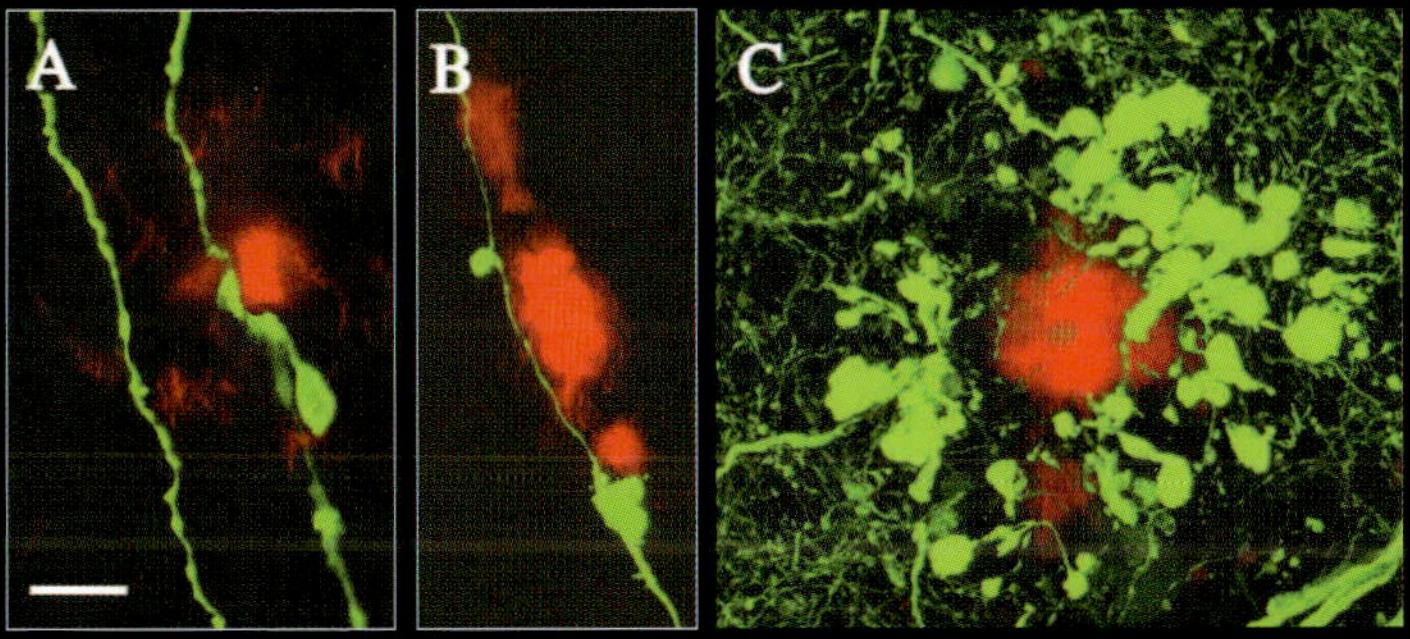

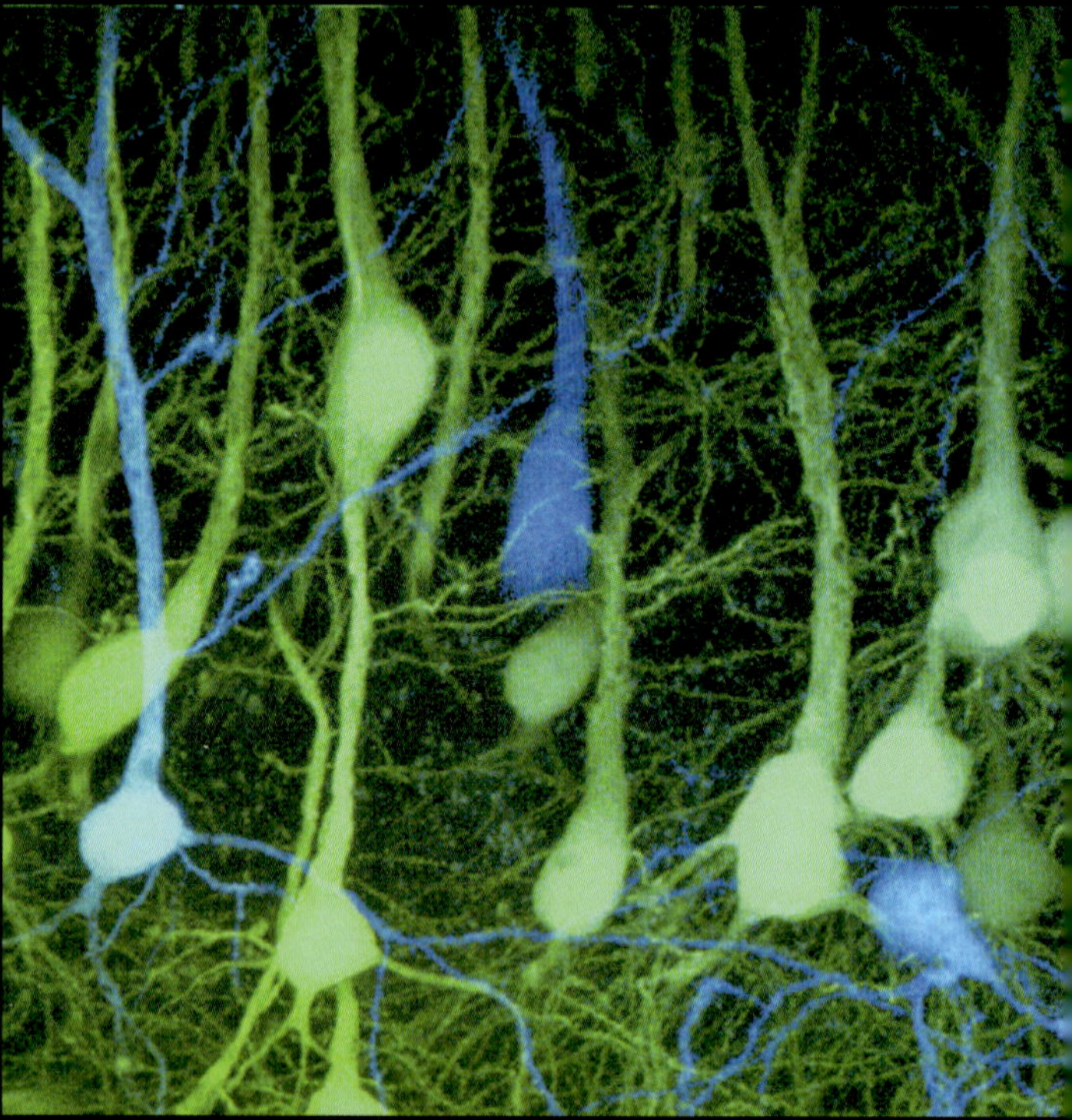

17. 青緑色蛍光タンパク（青色）と黄色蛍光タンパク（緑色）で標識したマウスの大脳皮質のニューロン。Courtesy of Jeffery Lichtman.

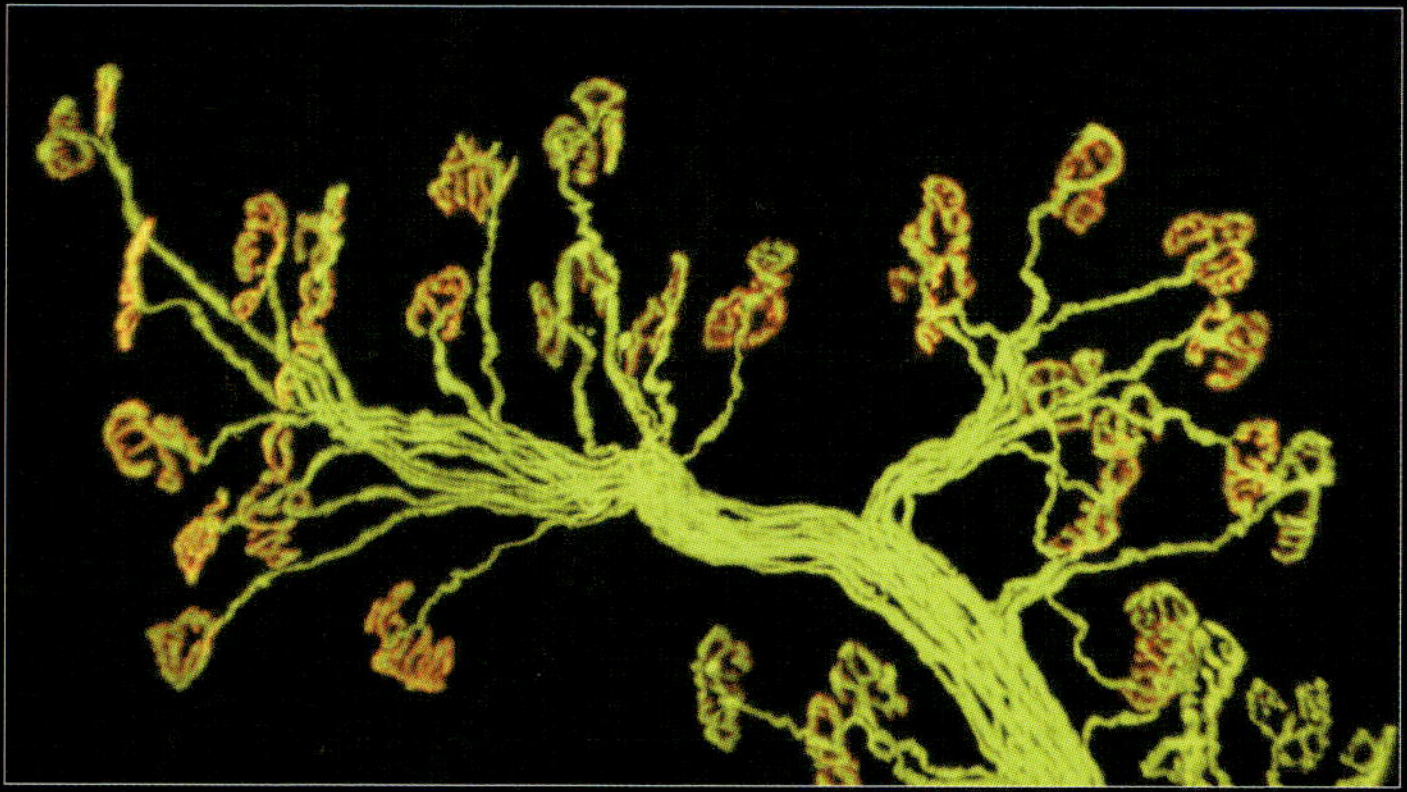

18. 黄色蛍光タンパクの遺伝子を含むニューロンの神経線維。これらの繊維は一緒に束となって脊髄から伸びだし、次第に分かれて個々の筋繊維に至る。丸まった赤色の末端は、神経線維と筋繊維との間のシナプスである。電気信号は軸索を伝わって行き、筋肉を収縮させる。Courtesy of Jeffery Lichtman.

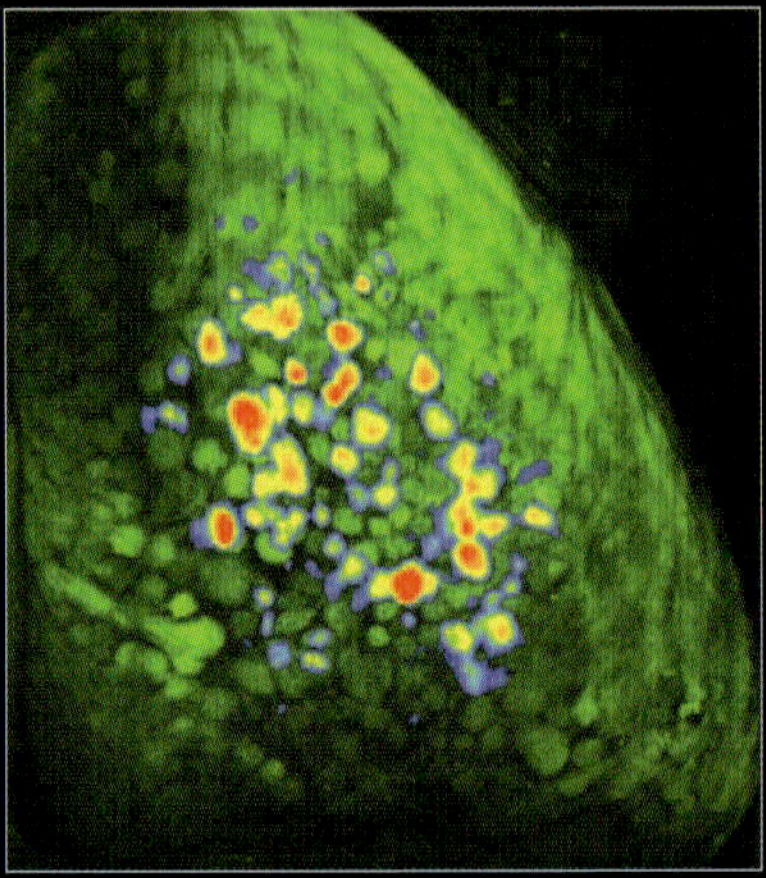

19. 安息香酸メチルの香り（カーネーション香料などの調合に用いられる）に対するマウスの嗅球上の嗅覚受容体の応答。色のついた点は、蛍光タンパクの光の強度変化があった領域で、神経の活動を示している。

チエンはケンブリッジ大学の生理学部門に到着すると、生きた脳を研究したいという願望がさらに強くなった。しかしリチャード・エイドリアンは指導教官としてふさわしくないという、彼の見込みは正しかった。脳を見るのに蛍光色素を使うことが主な興味の的だったチエンを、エイドリアンは指導することができなかった。ケンブリッジ大学でチエンはさらに、自分が「頭蓋骨に穴をあけて電極を突っ込む」ような、広く使われている既存の方法を使って脳を研究したいのではないことに気づいた。彼は化学科の学部学生を教える研究室で、指導教官のいない「渡り者」と見なされながら、独りで研究し始めた。「私はそのがらんとした大きな部屋にたった一人だった。たまに授業のあるときだけは賑やかになったが、たいていのときは空っぽだった」。

彼が最初に大成功を収めたのは、博士課程を終えて、ケンブリッジ大学のティモシー・リンクの研究室で働き始めた一九七八年のことだった。そこで彼は、細胞内部に存在する遊離のカルシウムイオン（Ca^{2+}）を定量するクイン2 (quin-2) と呼ばれる最初の蛍光レポーターの一つを開発した。この色素はカルシウムイオンが存在すると蛍光強度を変える。カルシウムは細胞外には非常に豊富にあるが、細胞内には遊離のカルシウムイオンはほんのわずかしかない。細胞は短時間のカルシウムイオンの増加をシグナル伝達機構として用いる。オワンクラゲがイクオリンを発光させるのにカルシウムの一時的な増加を利用するのと同様の方法で、体中の細胞はカルシウムを利用して筋収縮、神経伝達物質の放出、細胞分裂、インスリンの分泌などの過程を活性化する。細胞が刺激されると細胞膜にあるチャンネルが開き、カルシウムイオンが洪水のように細胞に流入する。するとこの遊離カルシウムイオンはさまざまなタンパク質に結合し、それらに活動を起こさせる。この洪水のすぐ後、いろいろな機構によって遊離カルシウムは迅速に取り除かれる。この過程は生きた細胞内でしか研究できない。チエンはカルシウムイオンの見えない動きを、顕微鏡下で観察できる過程に変換する方法を探した。

蛍光色素クイン2にはポケットがあり、その大きさはCa^{2+}を捕まえるのにちょうどよいのだが、細胞内にもっと豊富にある少し大きな遊離マグネシウムイオン（Mg^{2+}）を捕まえるには小さすぎる。色素を細胞に注入しておくと、細胞内のCa^{2+}濃度が上がると遊離カルシウムはポケットの中に入る。すると色素の立体構造が変わり、蛍光強度が増す。細胞の蛍光強度を観察するだけで、細胞内部の遊離カルシウム量の測定ができる。細胞内のカルシウム濃度を変化させる複雑で流動的な方法が、チエンの色素によって垣間見られた。新たに発見された現象を表現するために「カルシウムの火花」や「カルシウムの波」のような言葉が作られた。このような色素は、生化学という静止した科学を動的な視覚に訴える学問へと変身させる映像を作り出したのである。

一九八一年にチエンはケンブリッジ大学を後にして、カリフォルニア大学バークレー校で助教の地位を得た。当時彼は二九歳で、すでに論文を一二報も書いていた。それらの中には、最高の科学雑誌に発表された、細胞内の遊離カルシウムを迅速に測定する非侵襲的方法という画期的な発明について記述した論文も数報あった。バークレー校では、フラ2（fura-2）と呼ばれるさらに優れたカルシウム色素を開発した。これは彼の（当時すでに広く使われていた）前の色素よりも三〇倍も強い蛍光シグナルを出した。新しい色素は非常によく使われるようになったため、この色素の性質を最初に記述した論文は一万五千回以上も引用され、過去二〇年間で最もよく引用された五論文のうちの一つとなった。[5] 引用を調査している科学情報研究所では、千回引用されると、「最高の論文」とみなすという。

チエンがバークレー校にいるとき、同僚の教職員アレクサンダー・グレイザーが、光合成シアノバクテリアからフィコビリンタンパクの最初の遺伝子をクローニングした。フィコビリンタンパクは日光を捉えるのを助け、そのエネルギーをシアノバクテリアの光合成装置に注ぎ込む。グレイザーは電話の手短な会話で、クローニングしたフィコビリンタンパクにシアノバクテリアの持つ色素を少し混ぜると蛍光が得られた、とチエンに伝え、「別の種類の細胞で試してくれないか？」とぶっきらぼうに頼んだ。チエンは自分の部屋に座ってこの短い会話について考えた。一時間後に彼はグレイザーに折り返し電話した。「アレックス、君はどんなものを手中にしたか分かっているかい？　もしこれをうまく働かせられれば、細胞内のどんなタンパク質でも追跡できる。タンパク質にフィコビリンタンパクを融合させて、外から色素を加えるだけでいいんだ。これは宝の山だよ」。

グレイザーは技術の応用には興味がないらしく、主にこのタンパク質の固有の特性に焦点を当てていた。「彼は宝の山に対して食指を動かす気はないという印象を受けた」とチエン。フィコビリンタンパクはかさばる分子のうえ、蛍光を発するには別の二種類の酵素が必要なため、分子スパイ候補からは本質的に落第だった。「実際の系には最終的に、このタンパク質と二つの酵素という、三種類の遺伝子を入れなければならない。私はビビッた。本当にビビッた」とチエンは言う。それでも歯車はチエンの心の中で回り始め、合成分子を細胞内に導入するのではなく、細胞が自前の蛍光シグナルを遺伝的に作り出すように仕向ける方法を考え始めた。

一九八九年、チエンはカリフォルニア大学サンディエゴ校に移った。彼はこの移動を、カルシウムプローブから距離を置き、新分野へ進出するまたとない好機と捉えた。同じビルではスーザン・テイラーの率いる研究室が、細胞内のサイクリックアデノシン一リン酸（cAMP）の測定に向けて研究中だったので、彼女と共同研究を始めた。cAMPはカルシウムと同様に細胞内メッセンジャーで、さまざまな細胞反応を調節したり、細胞表面が受け取るシグナルを細胞内のタンパク質に伝えて多くのホルモンの影響を仲立ちしたりする。チエンはテイラーと共に、生細胞内のcAMP濃度を視覚化する方法の開発に成功しはしたが、やり方は面倒だった。多量のタンパク質を取り出し、それを試験管内で蛍光色素で標識したのち精製し、細胞内に微量注入する。「うまく行くことは行くのだが、非常に使いにくいし限界があった。有機化学色素をタンパク質に結合させるのではなく、分子生物学的に蛍光〔タンパク〕をコードさせる方法の開発が必要だと思った」。とチエンは述懐する。

一九九二年五月のある日の午後遅く、チエンは研究室に座って、色素でタンパク質を標識する過程を改良する方法を考えていた。カリフォルニア大学は直前にMEDLINEを導入していたので、チエンもマーティン・チャルフィーがしたように「蛍光タンパク」の文字を打ち込んだ。コンピューターの画面には、科学誌『ジーン』に掲載されたばかりのプラシャーの論文「オワンクラゲの緑色蛍光タンパクの一次構造」が現れた。[6] その論文にはプラシャーの電話番号が書かれていたので、翌朝彼に電話した。チエンによると、

> ダグ〔ダグラス・プラシャー〕は、何かよい結果が出たら共同執筆者に加えるという条件で、DNAを喜んで分けてくれることになった。私は彼を共同執筆者にするのは当然のことと思った。驚いたことに彼はもうその研究をしないつもりでいた。私にはこのDNAがあらゆる可能性を秘めていることが見て取れたが、彼は私にあまり高望みしないようにと言った。彼はすでに大腸菌で発現させようとしたのだが(…)発光するようにはならなかったのだ。しかし送ってくれるDNAは、ついに得られた完全長の配列で、彼はまだこれで試してはいなかった。他に誰かこれを研究しているかと尋ねたら、答えは「ノー」だったと記憶している。この論文を気に留めたのは、実質的に私が最初の人物だったようだ。少なくとも彼に

電話しようと思うほど真剣に気に留めたのは。彼はＤＮＡをくれると約束したが、私のところにはその研究に携わる人がいなかったので、すぐに送ってくれるようにとは頼まなかった。研究室では分子生物学は興味の的ではなく、それまでに扱ったことがなかったのだ。

一九九二年九月の下旬、穏やかな話し方をするトライアスロン選手で、スイス連邦工科大学で博士号を取得したばかりのロジャー・ハイムがチエンの研究室に加わった。彼は細胞の画像法を学ぶつもりでやってきた。しかしチエンは、彼が研究室では組換えＤＮＡ技術を習得した唯一の人間であると知って、即座に蛍光タンパクの課題を割り当てた。その時点でチエンはプラシャーに「準備ができたのでＤＮＡを送ってほしい」と電話した。プラシャーは要求に応じたが、彼がコロンビア大学のマーティン・チャルフィーにもすでに試料を送ったことを聞いて、チエンはがっかりした。このタンパク質を発現させることが大きな可能性を秘めていることを知っていたチエンは、クラゲのタンパク質が別の生物に導入でき、そこでも蛍光を放つことを、いよいよ急いで示さなければと感じた。ハイムは仕事に取り掛かった。酵母の専門家スコット・エマーが同じビルにいて専門的知識を提供してくれるので、チエンは酵母でクラゲのタンパク質を発現させる研究をするべきだと決断した。しかしこのタンパク質を発現させる競争が始まってすぐに、闘いは終わった。研究を始めて三週間後、チャルフィーは緑色蛍光タンパクを細菌で発現させたとチエンに伝えた。チエンは当時を思い返して言う。「落胆したかって？　多分ほんの少しはね。でも正直に言うと、我々が始めたか始めないかのうちに、彼はもう蛍光をものにしていた。長いレースを走った末、ゴール寸前で負かされたのとは違うんだ」。

チエンとハイムはクラゲの蛍光タンパクを別の生物内で発現させる最初の人物になる企てには負けたが、このタンパク質がクラゲの他の酵素なしにそれ自体で蛍光を発することを知って喜んだ。それ以前にはチエンは、緑色蛍光タンパクが光るには、フィコビリンタンパクの場合と同じように、補助的な酵素が必要なのではないかと心配していたのだ。今や彼は、このタンパク質が自立したスパイとして登録できることを知った。

それでもチエンとハイムがこのタンパク質の発現にいくらかでも成功するにはさらに五ヵ月かかった。チャルフィーは賢明にも緑色蛍光タンパクをサブクローニングし、遺伝子の翻訳領域の前にある抑制部分の配列を除いていた。一九九三年三月、チエンとハイムは小さな成功を収めた。彼らは酵母に緑色蛍光タンパクをときおり生産させられるようになった。「蛍光を発するのは百に一つくらいだった」とチエン。別の電話でチャルフィーはチエンに、もう細菌での研究はやめて、彼のモデル生物である線虫で蛍光タンパクを発現させようとしていることを告げた。オワンクラゲ以外の生物で緑色蛍光タンパクを発現させられるという発見を、線虫で成功するまでは発表しないということを聞いて、チエンは驚いた。

「マーティー〔マーティン・チャルフィー〕は技術的な実証だけに終わらせないことにこだわっていた。彼は自分の発見が有用であり、生物の本質について新しいことを教えてくれるものになることを証明しなければならないと考える、筋金入りの生物学者だった。生物学界の大勢は、この手のものは単なる技術だとみなす強い価値観に支配されていたので、優れた研究と認められるには何かしら新しいことを突き止めなければならなかった。生物の本質を解明することこそ純粋で価値のあるものであり、その他のものはすべて技術としかみなされていなかったのだ」とチエンは述べるが、彼自身は科学のための科学は自己中心的過ぎると考えている。科学が人間の生活の向上に利用できるとき、あるいは役立つ可能性があるときは、なおさらだ。技術の開発も同等に尊いと彼は信ずる。「だから（…）その線虫とかいうものでやることの何がそんなに重要だったのだろうか？　この方法は画期的な新技術だったから、緑色蛍光タンパクの利用は非常な勢いで広まったけれども、マーティーが実際に線虫で示したことが何だったたか言える人は、五〇〇人の利用者のうち一人いるかどうかも疑わしい」とチエンは言う。

チエンは彼自身の発見を急いで発表したい誘惑に駆られたが、付け加えるべき新たな情報もなかったので、それでは「汚い手口」になると思い発表は控えた。緑色蛍光タンパクを発現させた最初の人物はチャルフィーであるべきだと考えたのだ。

以前、エドマンド・ニュートン・ハーベイと仕事をしていた研究者、フレデリック・ツジと共著者は、一九九四年二月に『サイエンス』ほどには有名でない科学雑誌『FEBSレターズ』に「オワンクラゲの緑色蛍光タンパク——遺伝子発現と組換えタンパクの蛍光特性」と題する論文を発表した。[7] この論文はチャルフィーの論文の二、三週間後に出版された。当時七〇歳だったツジも、六年間滞在した日本でクラゲのタンパク質イクオリンをクローニングし、アメリカに戻ったばかりだった。この論文は、構想はチャルフィーの論文と実質的に同じだったが、ほとんど注意を引かず、注目もされなかった。

チャルフィーはGFPがC・エレガンスで発現させられることを一九九四年二月一一日に発表したのち、蛍光タンパクからは手を引き、機械刺激受容の研究に戻った。緑色蛍光タンパクが容易に発現させられるといううわさは科学界全体に広がり始めた。チャルフィーはGFPをコードしたDNAを分けてほしいという何百もの要請を受け取り、世界中の研究室に日常的に郵送することになった。しかしクラゲの緑色蛍光タンパクは非常に役に立つ手段であることは証明されたが、その蛍光はあまり明るくはなかった。このタンパク質は広い領域の色を吸収するので、単一の色の光だけでタンパク質を励起して最大の蛍光を出させるのは難しかった。実際に、この性質のために蛍光は弱くなる。チエンや他の研究者たちは、このタンパク質はもっと明るく光るように、また励起光の領域を狭めるように遺伝子操作できるとすぐに気づいた。チエンが「ほの暗く、不安定で、スペクトル的に不純な」と形容するクラゲの蛍光に手を加えようと、新たな探究が続いた。研究者らは、レーシングカーのように高性能の蛍光タンパクを作ろうと、性能の向上を目指して研究に着手した。

自分の研究室で作り出した蛍光タンパクを入れた小容器を並べたラックを持つロジャー・チエン。Photo by Joe Toreno for the Howard Hughes Medical Institute.

緑色蛍光タンパクの独特の性質は、このタンパク質のペプチド主鎖中の三個のアミノ酸が一連の自己誘導化学反応によってフルオロフォア〔蛍光を発する中心的な部分〕を自然に形成することである。当時はこれがどのように、あるいはどうして起きるのか分かっていなかったが、それでも研究者らは、三個のアミノ酸から成るフルオロフォアは蛍光発生に十分でないことは知っていた。このフルオロフォアだけを化学合成してみても蛍光を出さなかったので、タンパク質の未知の部分が蛍光発生を可能にしているはずだった。チエンは、タンパク質のアミノ酸配列を変えれば、性質を変えられるだろうと考えた。ハイムもチエンも他の研究者らも、二三八個のアミノ酸から成るクラゲのタンパク質のほぼすべてのアミノ酸を、計画的にあるいはランダムに変化させた。ハイムは蛍光を調べるのに、グリーン・モンスターと呼ばれていた古い蛍光光度計を使った。操作はローテクだった。蛍光光度計の光の色を手動で変えながら、実験用ゴーグルにテープで止めたいろいろな色のコダックフィルターを通して覗くのだ。「バークレー校ではグリーン・モンスターを捨てようとしていたのだが、年老いたモリネズミかカササギみたいに収集癖のある私は捨てることを拒んだのだ」とチエンは蛍光光度計について語った。

変異させるとたいていの場合は、目立った効果が出ないか、フルオロフォアの形成ができなくなって蛍光が消えてしまうかのどちらかだった。しかしある日ハイムは、青く光っているように見える細菌コロニーを一個見つけ、そのコロニーを培養皿から拾い上げてさらに調べた。ハイム、プラシャー、チエンは青色蛍光タンパクを作り出す変異の論文を、一九九四年一二月に出した。[8] その後チエンは、三個のアミノ酸からなるフルオロフォアの最初のアミノ酸を意図的に変異させることに決め、大当たりが出た。高性能の蛍光タンパクは、アミノ酸配列の六五番目の位置のセリンをトレオニンに置換するS65T変異という、単一のアミノ酸の置換によって作られた。変異の専門用語では、最初の文字は変異される元のアミノ酸の記号、次はタンパク質の配列中でのそのアミノ酸の位置（二三八個のアミノ酸から成る緑色蛍光タンパクの配列中でセリンは六五番目である）、最後の文字は元のアミノ酸に取って代わるアミノ酸を示す。この一個のアミノ酸の置換という小さな変化によって、蛍光タンパクのスペクトル特性が激変した。吸収スペクトルにあった二つのこぶはなくなり、この変化によってタンパク質は四八八ナノメートルにピークを持つ一つの色によってのみ励起されるようになった。チエンのグループはこれらの結果を「改良した緑色蛍光」と題して一九九五年二月二三日付けの『ネイチャー』に発表した。[9]

チエンはGFPのこの変異体を、強化GFPあるいは単にeGFPと呼んだ。この変異体は励起スペクトルがもとのものより単純で、八倍明るく、これは研究に利用する上で決定的な改善点だった。カルシウム色素の開発で豊富な経験のあったチエンは、この技術革新を、修飾緑色蛍光タンパクとして特許を取った。特許の範囲は広く、GFPの変異による修飾のほとんどをカバーし、知的財産権をしっかり守っている。[10]チャルフィーの論文が出てから一年以内に、緑色蛍光タンパクの性質にさまざまな影響を与えるいろいろな変異の論文が、他の数ヵ所の研究室から出された。タンパク質の蛍光強度を強めるもの、安定化するもの、pH変化に影響されにくくするものなどである。また自然の温度条件（摂氏五度くらい）よりも哺乳類の体温（約三七度）での方が〔タンパク質が〕うまく形成される特殊な変異を報告した研究者もあった【口絵7】。

これらの仕事はすべて、この分子が実際にどんな姿をしているかを誰も知らないまま行われたのだが、タンパク質の構造が分かれば、蛍光を向上させるように性質を変化させることができることをチエンは知っていた。タンパク質の詳細な構造を最も正確に決定するには、結晶解析が一番である。DNAの二重らせん構造を提唱する根拠をワトソンとクリックに与えたのも、結局、ロザリンド・フランクリンとモーリス・ウィルキンズが撮影したDNAの結晶回折データだったのだ。

単一のタンパク分子は可視光を当てて像を結ばせるには小さすぎるので、もっと短波長の電磁波を使わなければならない。X線ははるかに短波長だが、人間の眼には見えない。X線結晶回折は、非常に強いX線ビームを高純度のタンパク結晶に照射する方法である。X線は結晶の反復構造と相互作用すると回折パターンを作り出す。このパターンは個々のタンパク質の像ではなく、円形に並んだ小さな点々である。X線ビームが結晶を通り抜けるとき、結晶中の反復構造に基づいて再現性のある曲がり方をする。パターンはタンパク質のさまざまな点の間の距離の一覧を表す。この過程は、家の形を寸法の一覧表に置き換えるようなものだ。この一覧表を読んで、どの寸法がどれに当たり、最初の基準点がどこに置かれているのかを見定めるのが難しい。回折パターン中では、距離は特殊な順序で並んでいるので、最初の点が決められれば、残りはすべてうまくいく。最近のコンピューターの出現により、良い回折パターンからタンパク質の形を再構成する仕事は簡単になった。多くのタンパク質はなかなか結晶化しないので、難しいのは純粋な結晶を得ることの方だ。下村脩は緑色蛍光タンパクの結晶を作る仕事を、細心の注意を払って二〇年以上も前に完成していた。[11]

高分解能の回折パターンを得るには、高出力のX線源が必要なのだが、そんなX線源の装置を大学内に建設するのは現実的ではない。しかし物理学者らがサイクロトロンと呼ばれる大型コライダーの中で原子を衝突させるとき、副産物として非常に強いX線が出ることが分かった。このサイクロトロンは直径が八〇〇メートルの環で、粒子をとてつもない速度で回転させておいて衝突させる。生物学者は物理学者の研究をじゃませずに、X線副産物を集めることができる。アメリカには数台のサイクロトロンしかないので、結晶回折にこの装置を使いたい結晶学者たちが順番待ちしている。

チエンは緑色蛍光タンパクの三次元像を教えてくれる結晶構造が知りたかった。そうすれば何がフルオロフォアに蛍光を出させるのか推定でき、さらに良い蛍光タンパクを設計するにはどんな修飾をしたら良いかが分かる。しかし彼に結晶学分野の専門的知識はなかった。彼はこの仕事の協力者として、ついにオレゴン州立大学のジェイムズ・レミントンを見出した。チエンは新たに作り出したeGFPを研究しようと申し出て共同研究に誘った。他の研究グループは皆、クラゲの天然のGFPの結晶構造を研究していたので、eGFPの結晶構造の決定ならば競争相手はいなかった。[12]

eGFPとGFPの結晶構造は、発表されてみると、フルオロフォアに二、三の重要な違いがあるほかは、実質的に同一だった。これらの構造はタンパク質として非常に独特な形であることが分かった。また、構造を眼に見える形にしてみると、このタンパク質が働く仕組みや理由に対する疑問の多くに答えられるようになった。クラゲの天然のGFPとeGFPは、βバレル構造のタンパク質だった。つまり樽型の構造で、一一本のポリペプチド鎖が編まれるようにして樽の表面

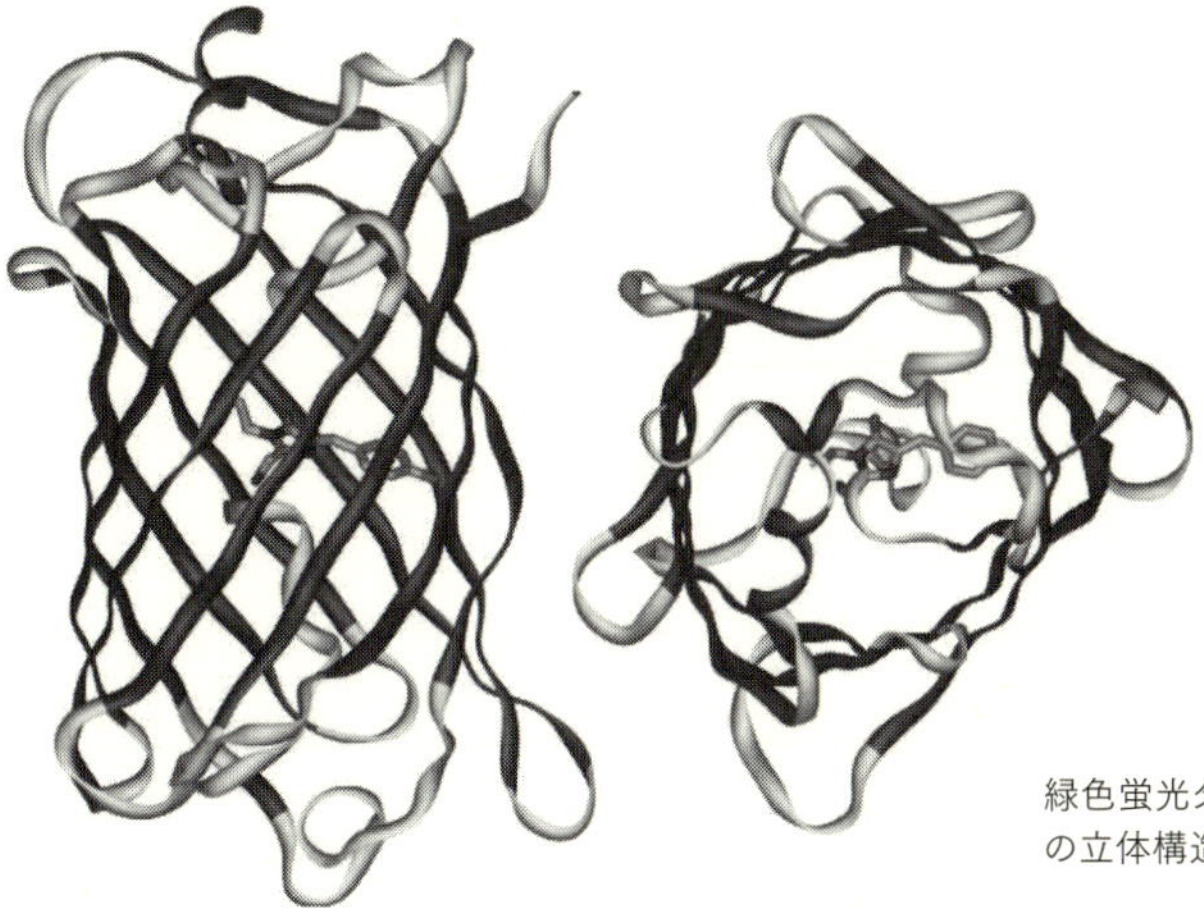

緑色蛍光タンパク分子の立体構造。

を形成し、その一部が樽の内部に向かって突き出している。樽の直径は三〇オングストローム（Å）、高さは四〇Åである。大きさを分かりやすく言うと、一〇〇億Åが一メートルに当たるので、緑色蛍光タンパク分子を縦に五〇万個積み上げると、二ミリの高さになる。樽構造は各々の端に小さなキャップをかぶせれば完成し、最終的に、高い対称性を持つコンパクトで安定なタンパク構造となる。樽の表面のアミノ酸は、樽の内側を向いたり外側を向いたりを繰り返している。タンパク質の幾何学中心を通り抜けるαヘリックスの一部をなし、中心の近くに位置するのが、フルオロフォアを構成するアミノ酸のうちの三個、セリン、トレオニン、グリシンである。

緑色蛍光タンパクの結晶構造によってフルオロフォアの正確な配置も示され、下村脩が提唱しウィリアム・ウォードが手直しをしたモデルが完全に裏付けられた。フルオロフォアは樽の中央部の平面内にあり、数個のアミノ酸が周囲の面から内側に突き出して、これと結合している。この配置から、周囲をタンパク質に囲まれていないフルオロフォアだけを合成しても、蛍光を発しない理由が分かる。樽の内面のアミノ酸がフルオロフォアと連携して蛍光を出させているのだ。したがってフルオロフォアの形成には必要でない部分も、機能にとっては必須なのだ。最後に、タンパク質の配列の両端が実質的に同じ部分、つまり樽のてっぺんにあるという幸運な事実が分かった。この発見は、GFP配列を他のタンパク質と連結したり挿入したりしても、そのタンパク質の機能を損なわないだろうということを示唆していた。つまり蛍光タンパクによっていろいろなタンパク質の蛍光標識ができるのだ。

緑色蛍光タンパクの結晶構造を調べていたチエンは、タンパク質の中央のフルオロフォアに隣接した部分が空洞になっていて、水分子で満たされていることに気付いた。彼はフルオロフォアの電子のエネルギーレベルを下げて、励起／発光スペクトルを変えるために、この空洞を芳香族アミノ酸で満たすことを提案した。このアイデアは、タンパク質の配列内の重要なアミノ酸を芳香環を持つものに変えることだった（チロシン、トリプトファン、フェニルアラニンだけが芳香環を持つアミノ酸である）。するとこの芳香環はタンパク質中の空洞を満たしてフルオロフォアの上に積み重なり、エネルギーレベルを下げることになるのではなかろうか。

この仕事はチエンの研究室の新たなメンバー、アンドルー・キュービットに任された。キュービットはイギリスのシェフィールド大学で生化学の博士課程を終えて、一九八七年にアメリカへやってきたが、最初はチエンの研究室の廊下の先の別の研究室で仕事をしていた。彼の研究は、クラゲの発光タンパク質イクオリンをタマホコリカビ（*Dictyostelium*）という粘菌に導入して、発生の間のカルシウム量の変化を調べることだった。一九九四年に彼がチエンの研究室の前を通りかかったとき、チエンとハイムが実験の結果について討論しているのが聞こえた。「ほう、こりゃ面白い。よく調べてみよう」とチエン。チエンはハイムが赤い蛍光タンパクを作り出したのかと一瞬思ったのだが、結局そうではないことが分かった。しかしキュービットは、蛍光タンパク研究を垣間見たことに刺激されて、チエンの研究室のミーティングに出席するようになり、その後じきにグループに加わった。キュービットに最初に与えられた課題は、結晶構造に見られる空洞を埋めることだった。彼は芳香族アミノ酸を持つ新たなタンパク質をコードする遺伝子を作り、それを細菌に導入して一晩増殖させた。翌朝彼が細菌のコロニーを例の「グリーン・モンスター」で調べると、変異体の一つが金色に輝いていた。芳香族アミノ酸が存在するためにフルオロフォアは、もとのものよりエネルギーの低い青緑光を吸収し、さらにエネルギーの低い黄色の光を放出していたのだ。黄色の蛍光タンパクが誕生した瞬間だった。

結晶構造とこの新たな変異タンパクを引っ提げて、チエン、レミントン、キュービットは結果を論文にまとめ、『サイエンス』誌に投稿した。しかし掲載不可と判定された。チエンは落胆し、次のように回想している。

論文は二人の査読者に回された。一人は結晶学者で（当時まだあまり有名ではなかった）GFPについては何も知らず、「これは結晶学の論文ではあるが、なぜこれが『サイエンス』に掲載される価値があるのか分からない」と言った。もう一人の査読者は、「クラゲがこのタンパク質を持っている理由の解明にいささかも役立っていない。答えになっていない。クラゲがこのタンパク質を持っている理由を結晶構造が教えてくれるとでも言うのか」と言い、我々が下村とプラシャーの論文しか引用せず、GFPの機能についての［ジェイムズ・］モランや［ウッドランド・］ヘイスティングスの重要な論文などの、GFPの初期の歴史に十分言及していないことにクレームを付けた。彼らは我々が下村をGFPの発見者としていることを非難し、モランとヘイスティングスを発見者とすべきだと言った。私は査読者が誰だったのか察しがついた。

チエンは途方に暮れて、一九八五年から一九九四年まで『サイエンス』の編集者だったバークレーのダニエル・コッシュランドに連絡して力添えを頼もうとしたが、彼も何もできなかった。「最後に、インターネットにすでに開設されていた蛍光タンパクの討論グループの掲示板に、（ジョージ・フィリップスのところの博士研究員）ファン・ヤンが〝やあ、みんな、僕らはGFPの構造を突き止めた。『ネイチャー「バイオテクノロジー」』の一〇月号に載るよ〟と投稿しているのを見つけ、その投稿を『サイエンス』に転送したところ、翌日［チエン、レミントン、キューピットの論文は］受理された。だから、これはすべて政略的なものだということは明らかだ。我々は論文に何の科学的な変更も加えていない（…）『ネイチャー［バイオテクノロジー］』と『サイエンス』はものすごいライバルどうしだから、どちらも相手に先を越されたくない。それですぐ翌日に論文を受理したのだ」[13]。

チエンらは、新たな有用な蛍光タンパクを作ろうと、大規模な計画の下にランダムな変異実験を行うことになった。この研究により、スペクトル特性を変えたり改善したりした二〇種類の変異体を公表する結果となった。この方法で青、青緑色、黄色の蛍光変異体が探し当てられた。pHや温度への感受性の異なるものや、哺乳類の体温での方がタンパク質の形成が速いものや、より明るいものなど、他のタイプの変異体も発見された。「当時の最大の目標は、赤色蛍光タンパクを作ることだった。赤の方が青や緑のものより、研究にはずっと利用しやすいだろうと考えたからだ」とキューピット[14]。

現在、ほとんどの科学者たちはeGFP、黄色蛍光タンパク、青緑蛍光タンパクなど、チエンの蛍光タンパクを利用している。南カリフォルニアのバイオテクノロジー会社であるクロンテック社は莫大な特許料をコロンビア大学、ウッズホール海洋学研究所、カリフォルニア大学サンディエゴ校に支払い、その一部はチャルフィー、プラシャー、チエン、ハイムに届いている。この会社は科学者が購入できる一連の使い勝手の良いプラスミドを迅速に作り出した。これらの改良と蛍光タンパクの入手しやすさによって、科学者たちによる利用は急激に広がった。緑色蛍光タンパクが発見された一九六二年から、チャルフィーが新局面を開く論文を発表した一九九四年までは、蛍光タンパクに関する論文や著作は二〇しかなかったが、二〇〇六年までにその数は二万四千を超え、その後も増え続けている。

一九九五年にチエンと、同じビル内の科学者チャールズ・ズッカーは、ベンチャー投資家とともにオーロラバイオサイエンスを設立した。その技術の多くは新たな蛍光タンパクを中心に据えていた。一九九七年六月にオーロラの株式は公開され、一九九九年三月までに時価総額一五億ドルとなった。多くの人々や組織がオーロラに惹き付けられ、ハイムとキュービットもチエンの研究室をやめて、この儲けの大きな会社で働いた。蛍光タンパクの技術供与特許に関わった人々は、かなりの金銭的な報酬を得た。チャルフィーに発光タンパクについて教えたポール・ブレームは疎外されたと感じている。彼は『サイエンス』に発表された重要な論文でも言及されていなければ、特許にも名前が載っていない。現在はストーニー・ブルック大学の教授であるブレームが語るチャルフィーとの一九八八年の出会いは、チャルフィーの話とは少し異なっている。チャルフィーは「怪しげだ」というのだが。ブレームによれば、彼はセミナーの後、チャルフィーと個人的に会い、生細胞を標識する難しさについて話し合い、「私は彼にGFPを使うアイデアを教えた」[15]。特許法によれば、もしアイデアが個人的な会話で伝えられたなら、ブレームは儲けの大きい緑色蛍光タンパクの特許から収益を得る権利が与えられることになる。アイデアが勝負の科学界では、この手の論争はありふれたことだ。

チエンは自分の研究は「純粋な生物学に劣る技術開発として片付けられることが多い」と言うが、彼の技術が生物学のさまざまな積年の疑問の解決に役立ったことは議論の余地がない。一九九七年六月二七日付けの『サイエンス』の、「クラゲタンパクが細胞を照らし出す」という見出しのニュース記事は、十分に研究されたクラゲタンパクをさらに遺伝子操作しようと絶え間ない努力がなされていることを伝えている。記事には「チエンらは現在、さらに明るく光り、さらに多くの色を生み出し、あるいは細胞内や組織内のカルシウムイオンやリン酸基と結合する変異体を作ろうと、夢中になって研究している」と書かれている[16]。

どうして蛍光タンパクは極めて重要な研究手段となったのだろうか。GFP様(よう)タンパクは、可視蛍光を出すフルオロフォアを翻訳後にひとりでに作る唯一の既知タンパクである。他のすべての蛍光タンパクでは、ペプチド主鎖に複雑な補助因子がいくつも加わる必要がある。細胞がこれらの複雑な構造を作るのは簡単ではなく、多くのタンパク質の関与する、酵素による多段階の合成経路が必要になる。したがって、GFP様タンパクだけが、ほんの少量のDNAを加えて細胞に根付かせることのできる、単純な独立型の構造をしているのである。GFPのDNA配列のクローニングと、チャルフィーがこのタンパク質をクラゲ以外の生物で発現させられると実証したことによって、堰が切られた。チャルフィーの論文から数年で、このタンパク質を含むクローンは世界中で使われるようになった。チャルフィーが、そしてのちにチエンが与えられた特許は、クロンテックにライセンス供与され、さまざまに置換されたこのタンパク質のDNAを含む種々のプラスミドが作られた。しかし組換えDNAビジネスにとっては不幸なことに、プラスミドはDNAなので簡単に増やすことができ、その結果、常に合法的とは限らずに非公式に研究者の間でやりとりされた。数ミリリットルの細菌が作り出すDNA量で、何百人もの仲間に送るのに足り、彼らはまたそのプラスミドを無限に増やすことができる。一滴のDNA溶液を便箋にしみ込ませて、郵送することさえできる。

二〇〇五年現在で、蛍光タンパクは何千種類ものタンパク質と融合され、細胞内で調べられている。蛍光タンパクは、植物、細菌、鳥類、両生類、哺乳類、魚類、線形動物、円口類（ヤツメウナギ）、原生動物、粘菌類、酵母など、さまざまな生物の中で光らせることができる。実際に、蛍光タンパクを作らせられない生物はないように思われる。これらの利用の多様さは驚くばかりで、さらに広がっている。その上、特許は科学者の学術研究活動を制限してはいないので、彼らが緑色蛍光タンパクのDNA配列にお好みのどんな変更を加えるのも自由だ。クラゲの緑色蛍光タンパクはレポーターとして発現させても、まず無害なタンパク質なので、多数の分野で広く利用できる。チャルフィーの有名な論文から数年で、蛍光タンパクで光るさまざまな特色を持つトランスジェニック動物が作られた。線虫（*Caenorhabditis elegans*）、ショウジョウバエ（*Drosophila*）、植物、魚類、マウスなど、特定の動物で最も力を発揮するように設計された多くのタンパク質がある。科学研究の手段としての緑色蛍光タンパクの利用の限界を決めるのは、それを使う科学者の独創性だけのように思われる。その成功談が科学論文として出始めると、誰もが自分のお気に入りのタンパク質の細胞内での動態を突き止めたいと思った。すぐにがん研究学者、免疫学者、ウイルス学者、神経生物学者、細胞生物学者、そして植物学者までもが研究に蛍光タンパクを使うようになった【口絵8】。

それでもなおチエンはこれで良しとはせず、蛍光タンパクの限界をさらに押し広げたかった。蛍光タンパクで細胞内の変化をモニターできないだろうか、カルシウムの増加を眼に見えるシグナルにできないだろうかと考えた。彼の〔開発したフラ2などの〕色素はこれを達成していたし、リッジウェイとアシュレーは同じ目的にイクオリンをはじめて使っていた。しかし彼のカルシウム色素も、リッジウェイとアシュレーのイクオリン利用技術も、生細胞へ外来分子を物理的に導入することが必要であり、これが細胞を殺してしまうことが多かった。だからチエンは〔細胞内で発現させられる〕緑色蛍光タンパクをカルシウム量のモニターに使いたかったのだ。だが緑色蛍光タンパクは丈夫さと永続性のお蔭で人気の高い標識分子となったものの、今度はこれらの性質のせいで変化をモニターする分子としてはかえってお粗末な候補だった。このタンパク質の蛍光はたいていの条件下で安定に維持されてしまうのだ。

チエンはクラゲとヒドロ虫類の緑色蛍光タンパクの機能について書かれた一九七一年の研究を思い出した[17]。これらの動物では、緑色蛍光タンパクは青色の生物発光の光を緑色の光に変換する。下村が、クラゲの精製された発光タンパクが（生きたクラゲが発する緑色光ではなく）青色の光を発するのを見たわけは、そのせいなのだ。このエネルギー変換の過程は、生物発光共鳴エネルギー移動と呼ばれる。このエネルギー変換が起こるためには、光を変換する分子は光を発する分子のごく近くになければならない。クラゲの場合は、イクオリンはその大部分のエネルギーを、受け手の蛍光タンパクに渡す。チエンは、蛍光共鳴エネルギー移動（ＦＲＥＴ）をカルシウム量のモニターに利用できないかと考えた。この場合は、生物発光分子と蛍光分子ではなく、二種類の蛍光分子の間でエネルギーが移動することになる。

ＦＲＥＴは緑色蛍光タンパク一つではできない。この過程には相補的な蛍光色を持つ二種類のタンパク質が必要だからだ。チエンは青緑色と黄色の蛍光タンパクを既に作り出していたから、これらをＦＲＥＴ用の対にできないかと考えた。紫色の光で青緑色蛍光タンパクを励起すると、

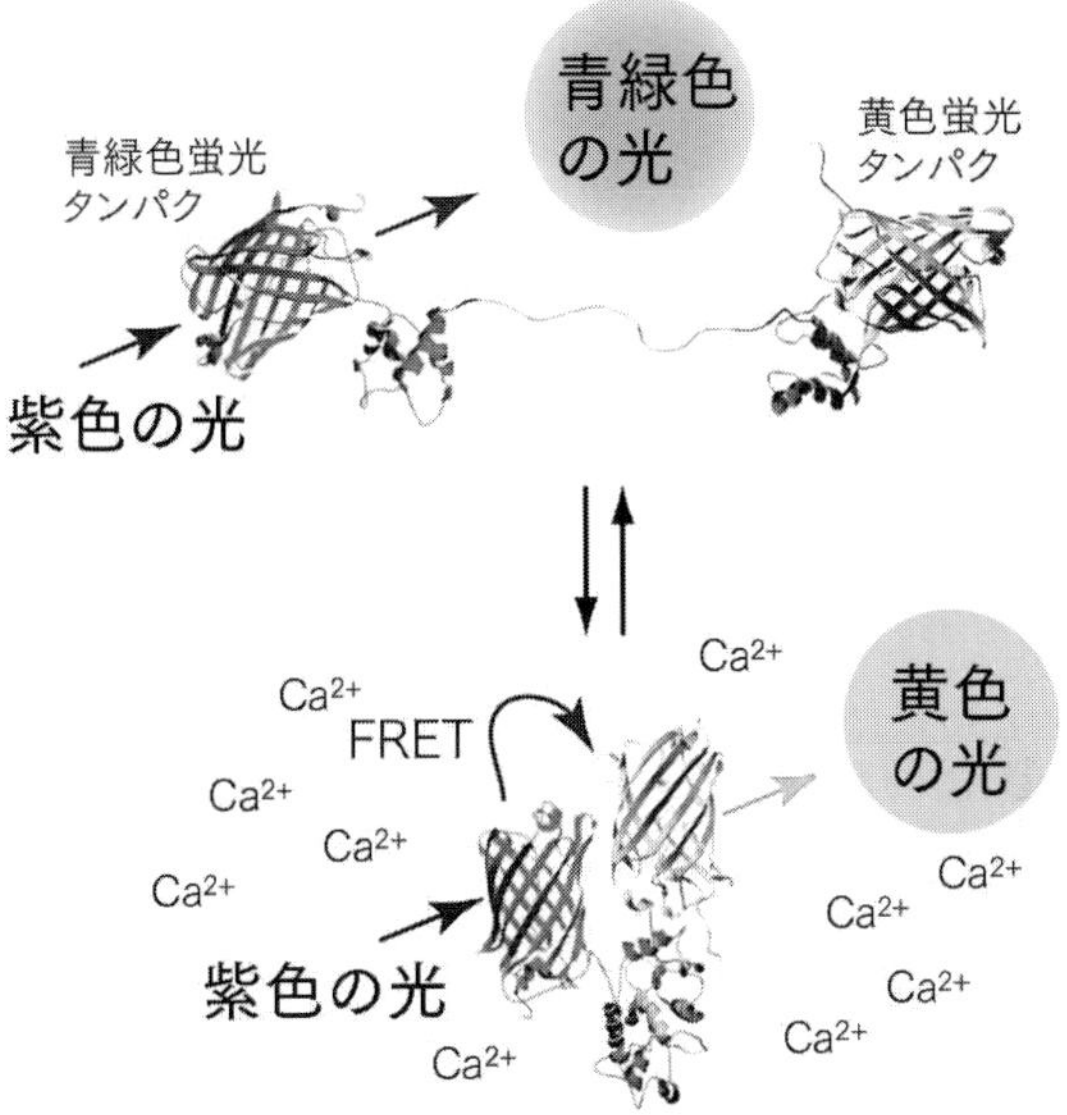

4 種類のタンパク質（変異させた 2 種類の蛍光タンパク〔(1) 青緑色蛍光タンパクと (2) 黄色蛍光タンパク〕、(3) カルシウムイオンを結合するタンパク質の断片、(4) カルシウム存在下でのみこのカルシウム結合タンパクに結合するタンパク断片）をそれぞれコードする DNA を融合して作り出した人工タンパク質。細胞内にカルシウムが存在すると、このタンパク質の出す蛍光の色が青緑から黄色に変わる。

青緑色の光を発する。しかし青緑色蛍光タンパクと黄色蛍光タンパクが互いに近くにあるとき、紫色の光を照射すると（青緑色蛍光タンパクはエネルギーを黄色蛍光タンパクに移動させるので）黄色の光が生じることになる。これを試すために、チエンは青緑色と黄色の蛍光タンパクを融合させて新たなタンパク質を作った。この融合タンパクを細胞に導入すると、案の定、紫色の光によって黄色の蛍光が生じた。

次のステップは、細胞内

のカルシウム量の変化によって、二種類の蛍光タンパク間の距離を変化させる方法を工夫することだった。そうなれば、カルシウムの存在状況によって別の色が見られることになるはずだ。このためにチエンは、別の二種類の既知のタンパク配列の断片を選んで用いた。カルモジュリンはカルシウムに結合するタンパク質で、ほとんどの哺乳類の細胞に見られる。筋細胞では、カルモジュリンはカルシウムに結合すると、筋収縮を調節する別のタンパク質（ミオシン軽鎖キナーゼ）にくっつく。チエンは青緑色と黄色の両蛍光タンパクの間に、二種類の結合タンパク（カルモジュリンとミオシン軽鎖キナーゼ）が挟まった形の、一つながりの大きな新しいタンパク質を作り上げた。この複雑な新たな融合タンパク作製の意図は、カルシウム量が増加すると二つの結合領域が一箇所に集合するところにある。これらが集合するとタンパク質は中央でV字型に折れ曲がり、青緑色と黄色の蛍光タンパクは接近してくっつくことになる。カルシウムが存在しないときは青緑色と黄色の蛍光タンパクは離れすぎていてエネルギーを受け渡しできない。細胞に紫色の光を当ててもカルシウムの量が少なければ、細胞は青緑色の光しか出さない。しかしカルシウムの量が増加すると、紫色の光は黄色の蛍光を生み出す。チエンは数個の試作品を試したのち、うまく行くものを見つけた。彼は遺伝子工学的に作った新たな作品をカメレオン（cameleon）と名付けた。カルシウム（calcium）と体色を変える爬虫類のカメレオン（chameleon）という言葉を組み合わせた造語である[18]。

カメレオン融合タンパクは開発以来、さまざまな動物に導入され、カルシウムの量は標的とされた細胞内でだけ直接モニターできるようになった。お蔭で科学者たちは、鼓動する心臓を横切るカルシウムの波や、動き回るハエの筋肉中のカルシウムパルスを見られるようになり、膵臓のインスリン分泌細胞でのカルシウムの動態も目の当たりにできる。蛍光タンパクに基づくセンサーは、細胞内にある特定のタンパク質を標的にする方法を使って、以前には観察不可能だったカルシウムの動態についての深い知識を提供できるようになった。今や生理学研究は生きた生物内で行うことができる。

蛍光タンパクの利用のすべてが世間に広く受け入れられたわけではない。二〇〇〇年にフランスの芸術家エドワルド・カックは、芸術作品としてトランスジェニックウサギを展示した。彼はフランス国立農業研究所（ＩＮＲＡ）のルイ＝マリー・ウドゥビーヌとパトリック・プリュネに、緑色蛍光タンパクを発現するウサギを作るように頼んだ。この動物は、ＧＦＰのcDNAを注入した受精卵を偽妊娠（受精しなかった交尾の後に起きる妊娠に似た状態）させた雌ウサギの子宮に移して作られた。生まれたウサギはアルバと名付けられ、親のＤＮＡにランダムに挿入されたＧＦＰ遺伝子を一コピー持っていた。ウサギは紫あるいは青色の光で照らすと緑色に光った。操作の過程はウサギに何の害も与えていないようだった。科学者にとっては、アルバのようなトランスジェニック哺乳動物を作るだけなら問題にはならない。同様の過程によって、何百というトランスジェニックマウスの系列が既に作られている。緑色蛍光タンパクを発現するサルさえ研究のために作られた。

アルバ企画をめぐっては、この動物が完全に芸術的な目的のために作られ、科学的知識を得る意図はまったくなかったことが論争の的となった。カックは、トランスジェニック動物から派生する社会政治的な問題について、たくさんの方針説明書や論文を書いた。いくつかの報道機関はこの大胆な行為を、「デザイナーの手による」遺伝子操作された動物の製作の発端として取り上げた。アルバの公開によって、どんな遺伝的操作も本質的に間違ったことだと信じる人々や組織から、強い拒否反応が巻き起こった。一つの論拠は、これらの遺伝子操作生物が逃げ出して自然集団の中へ紛れ込み、自然の生態学的共同体に混乱をもたらしかねないというものだった。このような疑問は、分子生物学者らが遺伝子操作細菌を大量に研究に用いていた一九七〇年代後半にも出された。分子生物学研究用に遺伝子操作された抗生物質耐性細菌が結局は自然界へ放出されて重篤な病気を引き起こすのではないかとの重大な懸念が述べられた。政府はこのような生物を作り出す方法についての規則を制定してそのような不安に対処した。その結果、生存能力を弱めるような障害を引き起こす遺伝子を実験用の細菌株に組み込むことが多くなった。それから三〇年以上経つ現在、遺伝子組換え細菌株は世界中の実験室にほぼくまなく行き渡っているが、病原的にあるいは環境的に重大な影響は見られていない。

外来遺伝子の哺乳類への導入は、同じ不安を呼び覚ました。遺伝子操作生物は自然環境を変え、広く報道されているような外来生物の侵入によって引き起こされるのと似たひどい環境破壊をもたらすと信じる者もいた。ヨーロッパウサギのオーストラリアへの導入による悲惨な結果がこの問題を明らかにしている。ウサギは恐ろしい勢いで増え、豊かな広大な土地に大きな被害を与え、信じられないほど破壊的だったのだ。それでも、移植遺伝子一個を発現しているウサギが逃げ出すと野生の集団に害を与えるという考えは、動物の家畜化や選抜育種が何千年にもわたって行われてきたことを考えると、ほとんど注目に値しない。選抜育種は厳密には外来遺伝子の導入ではないが、その過程によって、自然にも起こりはするが非常にまれな変異を選択することになる。この極端な選択過程は、同一種の中に非常に異なる系統を生み出した。このような過程がイヌ（*Canis familaris*）に適用されて、ダックスフント、グレートデーン、チワワほどにも異なる系統が生み出された。遺伝子操作されていない野生動物の群れや、自然集団をなしている家畜の群れは、既に環境を相当に破壊している。実のところ、このような大量の選抜育種と家畜化された動物の脱出は、何千年も続いているのだ。したがって一個の遺伝子を付け加えられた動物が外へ出されたとしても、人間による動物の家畜化と改良によって既に生み出されている環境破壊の力をそれほど強めることにはなりそうもない。

ウサギのアルバがデザイナーによる動物作りの倫理についての問題を提起したのなら、二〇〇二年に行われた蛍光タンパク遺伝子の熱帯魚（*Danio rerio*、ゼブラダニオ）への導入はさらに大きな不安をかき立てた。この魚はヨークタウンテクノロジー社からグローフィッシュという商標名で、熱帯魚収集家向けに売られている【口絵9】。アメリカ食品医薬品局はこの魚を危険ではないと宣言し、アメリカ初の遺伝子操作された家庭用ペットと認めた。この魚はシンガポールで作られたが、カリフォルニア州や多数の国々は、批判者らが「フランケンフィッシュ」と呼ぶこの遺伝子操作された魚が自然界へ逃げ出すことを恐れて、販売を禁止した。[19] 暗い部屋で紫外線を当てると、この魚は明るい蛍光を放つ。

緑色蛍光タンパクの利用で論争を呼んでいる別の例は、植物学者が開発してきた蛍光タンパクを発現するさまざまな商業作物の系統である。蛍光タンパクは、作物の生存率や商業的価値を高めるためにゲノム中へ挿入される別の遺伝子と一緒に発現させる場合もある。別の遺伝子の存在が、蛍光タンパクによって素早く検出できるからだ。作物を大きくしたり、害虫や病原体への抵抗性を高めたり、栄養価を高めたり、見た目を魅力的にしたりするさまざまな強化遺伝子が考案されてきた。

一九九九年に、クラゲの緑色蛍光タンパクの修飾によって、生命科学のさらなる探究のための分子技術の一揃いの道具ができ上がった。しかし一色だけがまだ抜けていた。それはFRETの対の蛍光タンパクの一方として、また細胞や組織の奥深くまで達する独特の能力のために、計り知れない可能性を持つことから、キュービットが「聖杯」と呼んだ赤色だった。しかし研究者らがクラゲの蛍光タンパクをどんなにひねくり回しても、真紅を作ることはできなかった。

第９章

バラ色の夜明け

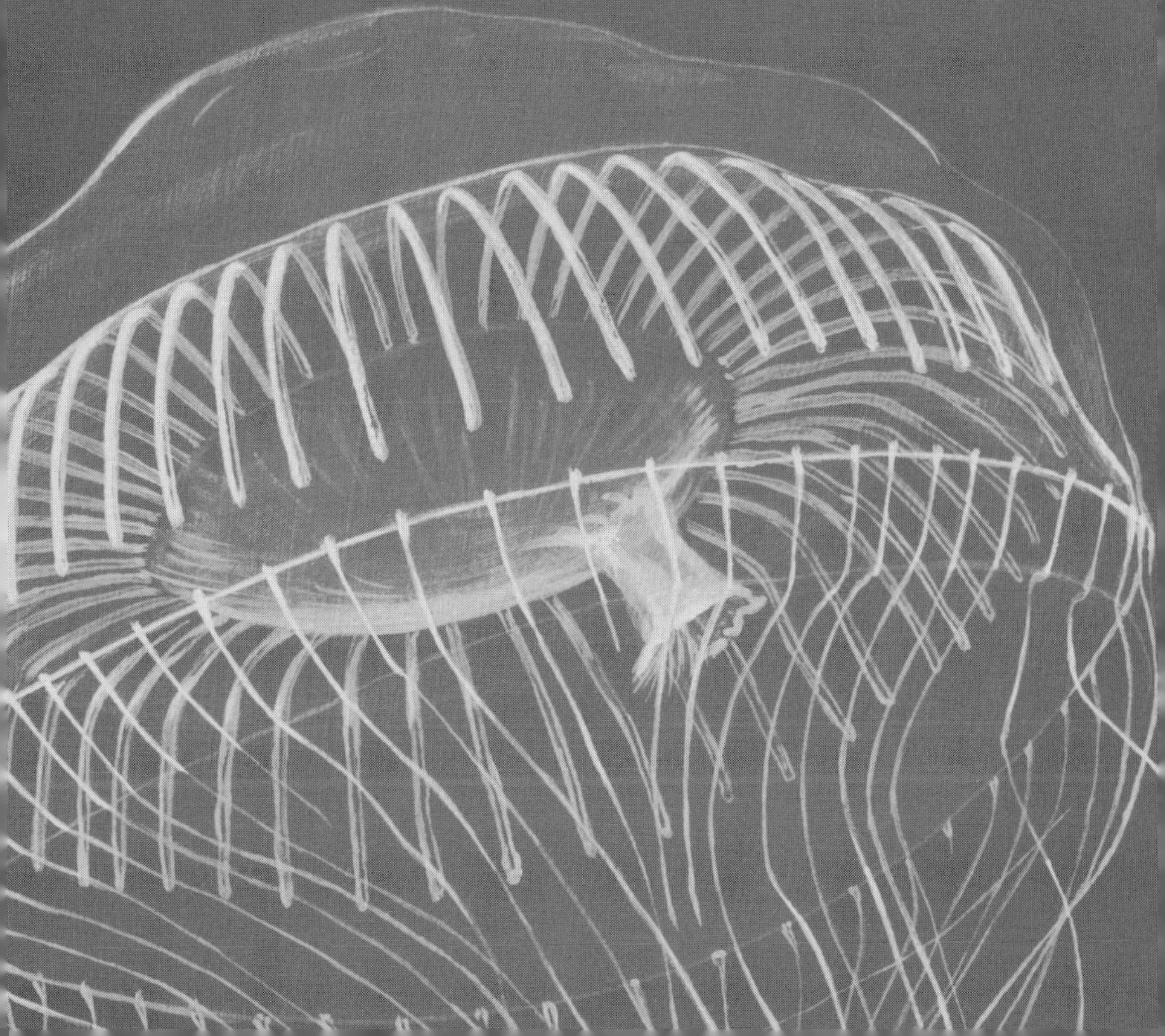

「ここがコンピューターゲーム『Doom』発祥の地だ」、分子生物学者セルゲイ・ルクヤノフは、ロシア科学アカデミーの一部門、シェムヤーキン－オフチニコフ生物有機化学研究所（SOIBC）の殺風景な廊下を足早に先導しながら冗談を飛ばした。[1] モスクワの南西地区、クレムリンから一五キロのところにあるこの研究所は、ソ連国防省の資金で一九八〇年代に建設された。DNAの構造を模したらせん状の大建築は、かつては千人以上の科学者を擁する科学の拠点として活気にあふれていた。二〇〇四年三月にデヴィッド・グルーバーが訪れたとき、建物は眠れる巨人のように見えた。三分の一しか使われておらず、廊下の照明はエネルギーの節約のために消されていた。一九九一年一二月のソ連の崩壊後じきに、研究所への政府援助は縮小し、研究者らの給料は大幅にカットされた。賃金（毎週およそ五〇ドル相当）は必要最小限の生活費にも足りず、高度な技術を持つ科学者の多くは、経済の暗い先行きを見限って国から逃げ出した。

しかしルクヤノフは、ロシアを離れることなど考えもしなかった。彼は生まれ育ったモスクワに深く根を下ろし、愛国心が旺盛だった。「よく知られた種子の散布理論のようなものだ。新たな地域に飛んで行くように作られたものもあるが、私は元の樹からあまり遠くへ行くようには生まれついていない」と彼は言う。痩身のチェインスモーカーで、短く刈り込んだ白髪まじりのルクヤノフは、SOIBCで一八年以上も働き、研究補佐員から大学院生、そして三〇人のメンバーからなる研究室の主任へと昇進した。彼は二〇〇三年に三九歳で、誉れの高いロシア科学アカデミーの会員に加えられた。最も若くして会員となった者の一人である。一九九〇年代に多くの科学者が逃げ出したのに対して、彼は政府による科学の軽視を新たな科学の自由を掴み取る好機と捉えた。「自分自身で研究テーマを決められる」と。ルクヤノフはすぐに資本主義精神を取り入れ、生活の代金の支払いや研究資金を調達するために、キノコを栽培し地元の市場で売るなど、独創的な方法を探した。

彼は一九九四年に、遺伝子機能を発見する新技術と方法、すなわち彼が「遺伝子ハンティング」と呼ぶ得意技の開発についての博士論文を完成した。[2] 彼の研究は、差引きクローニングの基礎となる分子技術の先駆けとなった。この方法は、異なる条件下にある細胞が転写する遺伝子のわずかな違いを明らかにする。彼はこの技術を、並外れた再生能力で知られる小さな半透明の扁形動物〔淡水プラナリア類の〕アメリカナミウズムシ（*Girardia tigrina*）の研究に応用した。この虫を数個の断片に切り刻むと、それぞれの断片は二週間以内に新たな一匹の虫になる。この再生の技の仕組みは科学者にとって長い間謎だった。ルクヤノフは分子生物学者として、新たな体の部分の再生を始めるのに虫がどの遺伝子のスイッチを入れるかを突き止めたいと思った。この問題に答えるために彼は差引きクローニングを考案した。切り刻まれたばかりの虫で発現されている遺伝子から、健全な虫で発現されている遺伝子を差引く巧妙な技術で、差引いた後に残った遺伝子が、再生過程で特異的にスイッチが入る遺伝子ということになる。彼の方法は、この虫の研究に留まらず、幅広い有用性をもつ。差引きクローニングは、健康な細胞から癌細胞になるなどの、細胞のどんな形質転換過程に関与する遺伝子であっても、その割り出しに使うことができる。

一九九四年、彼がこの博士課程の研究をちょうど終えようとしていたとき、有名なバイオテクノロジー会社クロンテックで働くためにアメリカへ移住したロシア人の友人二人から連絡があった。この会社では、遺伝子単離と分析に使う製品の売り上げは、最初の一〇年の間、毎年三五パーセント以上も伸びていた。クロンテックはルクヤノフの遺伝子ハンティング法の幅広い有用性を認め、彼の研究室で開発されたすべての技術の完全な特許権の見返りとして、毎年およそ三万五千ドル支払うことが一九九四年に合意された。ロシアでは（いくぶんアメリカの基準で考えてだが）これだけのお金があれば彼の小さなグループが研究を続けるのに十分だったので、彼はすぐにこの申し出を受け入れたのだ。この契約によって、ルクヤノフは遺伝子ハンティングに関連した独創的な方法を開発する自由をも得た。アメリカでは、知的財産法や、大学による利害の対立に関わる規定のせいで、この種の協力関係は非常にまれである。

次の四年間、クロンテックはまさにルクヤノフとの協力関係のお蔭で、数種類の主要製品を生み出した。PCR Select® substraction cDNA cloning, RACE (Marathon Cloning®), SMART® (cDNA増幅キット) などである。これらの特許技術は遺伝子ハンティングの実験過程を非常にとっつきやすく、容易にした。料理本方式のキットには、必要なすべての試薬がそろえてあり、順を追った説明も添えられていて、分子生物学につきまとう不確かさがほとんど除かれている。これらのキットでクロンテックは千万ドル以上稼いだとルクヤノフは見積もっている。この巨額の数字は、日常的な研究に分子生物学技術を使い始めたすべての分野の科学者たちの間で、「キットによる」

研究がますます盛んになっていることを反映している。乳がん、結腸がん、嚢胞性繊維症、聾、盲などの原因遺伝子も、クロンテックの製品を使って単離された。

ルクヤノフはクロンテックとの四年の協力期間の間に、数回カリフォルニアを訪れた。そのたびにクロンテックは、カリフォルニアにある会社でずっと働かないかと熱心に働きかけた。しかし一九九八年、彼は大好きなモスクワにマンションを買うお金を貯めてしまうと、クロンテックとの契約を打ち切った。二〇〇四年にグルーバーがルクヤノフにインタビューしたとき、彼はモスクワの大混乱の大通りで、ステーションワゴン、ラーダを飛ばして車線をあちこち強引に変えながら言った。「これが本当の運転というやつさ。カリフォルニアでは退屈で眠っちまいそうだよ」。

ルクヤノフの六階の実験室に入ると、SOIBCのほぼ全体を覆っている沈滞した雰囲気をよそに、そこは活気あふれる仕事場だった。最新式の遺伝子配列決定装置が備えられ、ほとんど休むことなく稼動していた。中心の研究室はコンピューターで雑然としていたが、棚には映画のビデオや本が並び、くつろいだ雰囲気が感じられた。実験室で働いている人々の多くは彼の友人や家族で、弟のコンスタンチン（グループの研究主幹）やルクヤノフの妻もその中にいた。かつて彼らは全員が南西モスクワの520中学校に通い、そこで一人の生物の教師の影響を受けた。彼は当時一四歳だった教え子たちを野外実習で北極圏に近い白海（はっかい）まで引率し、海洋生物を調べた。

研究室の優秀なメンバーであるミハイル・マッツは、一九八五年にルクヤノフの弟と一緒に

サンゴ様の動物から赤色蛍光タンパクをはじめてクローニングした科学者たち。
左から、セルゲイ・ルクヤノフ、ユーリー・ラバス、ミハイル・マッツ、アルカディー・フラトコフ。

彼の授業を受けた。その後、博士課程を終え、ルクヤノフのところで博士研究員を務めた。ルクヤノフによれば、マッツは楽しいことの好きな大胆な性格で、研究室で短期間熱心に働いたあと、研究から離れてコンピューターゲームをしたり、飛行訓練を受けたり、モスクワの煙の立ち込めるナイトクラブのジャズバンドで演奏したりする。マッツはたいてい、銀の大きな輪っかのイヤリングをし、オーストラリアで買ったカンガルー革の帽子をかぶっている。

一九九八年にルクヤノフがカリフォルニアのクロンテック社から呼ばれたとき、マッツは研究室で博士課程の研究を完成しようとしていた。ルクヤノフは彼に、研究対象を新種の緑色蛍光タンパクのクローニングに変えたくないかと尋ねた。ルクヤノフはアメリカで研究する間に、GFPの人気と収益性を見てきた。クロンテックはチャルフィーとチエンのGFPの利用に関する特許の権利を買い、この人気の高いタンパク質の販売に成功を収めていた。また、ウミシイタケ（*Renilla reniformis*）で別のGFPが発見されたが、発見者とクロンテックの間で法廷闘争が起き、市場への売込みができないでいることも彼は知っていた。

マッツは内陸のモスクワから離れて発光生物を探しに行けることが嬉しくて「もちろん喜んで！」と答えた。[3] 既にルクヤノフはマッツに、少量の生きた材料から珍しい遺伝子を単離して取り出す熟練した遺伝子ハンターとしての訓練を施していた。分子生物学の技術の多くはたいていの科学者にとって利用しやすいものだったが、少量の組織からの新しい希少遺伝子転写産物の単離クローニングは、非常に困難な仕事なので、マッツの専門的技能は特に貴重だった。ポリメラーゼ連鎖反応（PCR）という、微量のDNA配列を増幅する方法があることはあるのだが、この方法を使うには前もってその遺伝子の配列が分かっていなければならない。

マッツはルクヤノフからの電話の直後に列車に乗って、白海へ二日間の旅をした。中学の野外実習の時、刺細胞を持たない手のひらサイズのゼラチン質の発光有櫛動物（クシクラゲ類）を見たのを思い出したのだ。マッツは冷たい海水の中から有櫛動物を捕らえて二、三個のバケツに入れ、RNAを抽出し、その後でその中からGFPのRNAを選び出そうとした。後にマッツはこの旅を「完全な失敗で、時間を無駄にしただけだった」と振り返っている。蛍光タンパクが有櫛動物から発見されるのはまだ先のことだった。

マッツとルクヤノフは遠征の失敗ののち、方向性のある探究のためには外部からの助言が必要なことに気づいた。ルクヤノフはモスクワ国立大学の学生時代に発生学研究の面倒を見てくれた、多才で非常に好奇心の強い生物学者、ユーリー・ラバスを思い出した。一九三三年生まれのラバスは、科学研究の大半をスターリンの弾圧的な支配のもとで行ってきた。レニングラードのパブロフ生理学研究所で博士課程の学生だったとき、魚の色覚の研究（彼によればこれが研究への「初恋」だった）を突然やめさせられ、人目に付かずに動きを監視する方法の研究を強いられた。[4] 一九五九年に博士課程を終えると、「スターリンの生物学者への抑圧がまだ感じられた生理学研究所からできるだけ遠くへ逃れたかった」ので、すぐに白海の近くの生物学実験所へ移った。「当時は、抑圧の時代に研究で出世した人々が、まだパブロフ研究所で権力の座にあった」と彼は言い添えた。彼は有櫛動物の研究をし、生物発光と細胞の電気的活性を同時に測定できる最初の微小電極を開発した。

ラバスは研究生活の間に、電気生理学から生物発光に至るさまざまなテーマに携わってきた。

彼はロシアの科学界では、会議や会合に必ず出席することで有名だった。共同研究者らから「八百屋」とか「ちょっとおかしい」と言われるほど科学的興味の幅は広く、その知識や経験の幅広さからアイデアがほとばしり出るのだった。彼は科学の問題に、時にはあまり確かでない自分なりの論拠をもとにして独創的な方法で取り組むことで知られていた。彼は科学への取り組み方を、父親アレクサンドル・ラバスのお蔭だとしている。アレクサンドルは、ロシアの「前世紀の最高の巨匠」の一人としてプーシキン美術館長から称讃された有名な画家だった。[5]

マッツによれば、「ユーリー・ラバスは、モスクワの公共機関に非常にたくさんのアイデアを出してまわっている年配の人物といったところだ。提供するアイデアは玉石混交で、ほとんどは全く常軌を逸しているが、なかには非常に良いものもある。だから取捨選択が必要だが、それさえうまくいけば得るものは実に多い」。

ルクヤノフが彼らの計画に加わるようにラバスに頼んだとき、彼は喜び、興奮した。最初の会合で、マッツとルクヤノフは今までとは違った発光動物で新しい蛍光タンパクを探す努力をしていることをラバスに伝えた。ラバスは別の方法を勧めた。発光生物にこだわらず、オワンクラゲの類縁のサンゴやイソギンチャクといった発光しない生物に焦点を合わせるようにと言うのだ。マッツは面食らってラバスを見つめた。「発光しない生物が蛍光タンパクを持つとはどういうことなんだ？」。マッツにはこのアイデアが正しいとは思えなかった。その時点までに発見されたすべての緑色蛍光タンパクは光の放出過程に関わっていた。クラゲのルシフェラーゼによって出

ユーリー・ラバス。蛍光タンパクをサンゴで探すことを立案した変わり者の科学者。父親アレクサンドル・ラバスが描いてくれた肖像画の前に立っている。
Courtesy of Yulii Labas.

される青色の光を緑色の光に変換するのだ。[6] オワンクラゲでは、GFPは光を発する細胞（発光細胞）にしか存在せず、その細胞内では色の変換をするためにルシフェラーゼとしっかり結合している。GFPの機能が問われたことはなかった。研究グループ内では、生物発光の

しかしラバスは、発光生物の種類が異なるとまったく異なるルシフェラーゼ酵素とルシフェリン基質を持つので、生物発光はさまざまな生物で独立に進化したと推論した。これらの動物は五億五千万年以上前に進化の途上で互いに分岐したので、ほかの発光生物もGFP様のタンパク質を用いて青色から緑色へ光の変

換をしていると考えなければならない理由はない〔逆に言えば、オワンクラゲは別の用途のためにたまたま持っていたGFPを蛍光発光に使うように進化したのかもしれない。だとすればオワンクラゲの類縁動物なら発光しない生物でもGFPに似たものを持っていてもおかしくないのだ〕。実際に、他の生物発光系にはGFP様タンパクは見つかっていなかった。ラバスにはこの考えに結びつくもう一つの経験があった。魚の飼育の愛好家である友人のアンドレイ・ロマンコの家を訪ねたとき、水槽の中で鮮やかな蛍光を発しているサンゴを見たのを思い出したのだ。ラバスはマッツに「そのサンゴの蛍光たるやこの世の終わりかというほどすごかった。あれはGFPに違いないよ」と言ったが、マッツは「出て行ってくれ。またあんたの馬鹿馬鹿しい考えだ」と相手にしなかった。ラバスはマッツの袖を掴むと、モスクワのはずれのノボギレエボにあるロマンコのアパートへ引っ張って行った。ビルの外側は落書きでいっぱいだったが、ロマンコのアパートの中の四〇〇リットルの水槽内には、優美なサンゴ礁生態系が細心の注意を払って維持されていた。そこでは熱帯サンゴの素晴らしいコレクションが派手な黄色や橙や青や赤の光を放っていたのである。

ロマンコはモスクワ水族館へ行ったときにはじめてサンゴに興味を持った。彼はロシアを離れたり、サンゴ礁を訪れたりしたことはなかったが、サンゴの「この世のものならぬ、太古の形」に魅せられた[7]。エンジニアとして教育を受けた彼は、細部にまで行き届いた鋭い感覚を持ち合わせ、蘭のコレクションにも凝って栽培を楽しんでいる。水族館を見たあと、彼はサンゴにまで趣味を広げようと決心した。この趣味はじきにロマンコを夢中にさせ、モスクワの至る所にサンゴ礁の水槽を備え付け、一日中サンゴの面倒を見るために仕事を辞めた。

マッツはロマンコの水槽から緑色のイソギンチャクや数種類の親指大の緑色のサンゴの試料をもらうと、実験室へ戻った。それらはどれも発光動物ではなかった。マッツは分子生物学の技術に長け、少数の細胞から新規の mRNA 転写産物を単離することには慣れていた。しかし今度の場合、単離しようとしている mRNA の配列がどんなものか分からなかった。マッツは新たな蛍光タンパクがどんなものであれ、オワンクラゲの GFP の配列に多少は類似しているだろうと見当をつけ、ルクヤノフの研究室で完成されたPCR技術の変法を利用した〔PCRはDNAを大量に増幅させる方法で、増幅したいDNA配列が分かっている場合はその両端の配列に相補的に結合する二種類の短い配列（プライマー）を用い、DNA複製と変性（二重らせんの分離）を交互に繰り返してDNAを倍々に増やす〕。この方法では、未知のDNA配列の領域に（相補的に）結合するプライマーを合成する。次に、結合したプライマーを利用して標的 mRNA の多数の DNA コピーを作り出す酵素を加える。これらのコピーを細菌のプラスミドに挿入し、増幅させて塩基配列を決める。しかし未知の配列に結合するプライマーをどうやって設計するのだろう？　その答えは、経験に基づいた推測、それも数種類の推測をすることだ。マッツはクラゲのDNAを鋭い眼で調べ、新たなタンパク質に似ているだろうと思われる短い配列をこの遺伝子内に見つけた。

マッツと研究室の別の科学者アルカディー・フラトコフは、緑色のイソギンチャク（*Anemonia majano*）でこの実験を行った。細菌の最初のプレートができあがったので、フラトコフは紫外線

水槽の前に立つアンドレイ・ロマンコ（2004年3月）。ルクヤノフのグループはこの水槽のイソギンチャクを使って、サンゴ様の動物から最初の蛍光タンパクを発見した。

ライトボックスの上に載せて調べ始めた。最初に見たとき、ほとんどのコロニーが明るい緑色に光っていたので、彼は目を疑った。信じられない思いで、もっと良く見ようと、危険なことも忘れて紫外線の中へ顔を差し入れたが、驚いたことにコロニーは本当に緑色に光っていた。彼はまだ信じられずに長時間見つめ続けたので、とうとう紫外線で顔が焼け、蛍光を発するコロニーは〔殺菌されてしまい〕全部死んでしまった。「今までの研究人生で一番幸福な日だった」と彼は振り返る。[8] 細胞はすべて死んでしまったので、フラトコフはルクヤノフとマッツに誇らしげに結果を見せる前に、実験をやり直さなければならなかった。これでまた、蛍光タンパクについて信じられてきたことが間違いであると証明された。この実験は、蛍光タンパクは発光動物だけが持つという考えを覆したのだ。

二、三ヵ月後、研究室にいたマッツにロマンコから電話がかかった。「おい、つい今しがたベトナムから赤色蛍光を出すホネナシサンゴ（Corallimorphus）が届いたんだ。すぐ来いよ。注文主が今晩その岩を取りに来てしまうから。岩にはちっちゃいのがいくつかくっついているから、こっそり一つもらっちゃえばいい」。マッツは駆けつけて二、三片を摘まみ取ると、研究室に持ち帰り、ホネナシサンゴの遺伝子を持つ細菌のプレートを一揃い作った。翌日、ルクヤノフはその細菌のプレートを調べた。蛍光のない何千個ものコロニーを選り分けた後、何かが彼の目を捉えた。真紅に輝く一個のコロニーだった。「小さなコロニーだったけれど、とても美しく、素晴らしく、小さな太陽みたいだった」。水槽で見つけたこの赤い〔ホネナシサンゴ目〕イソギンチャクモドキ（*Discosoma*）の一種から、最初の赤色蛍光タンパクがクローニングされた。今日では、dsREDという名で広く使われている。マッツの赤色蛍光タンパクは、まさにスペクトルの赤色領域、五八三ナノメートルにピークを持つ光を出す。

この新たなタンパク質の配列を決定してみると、クラゲのGFPの構造と同じβバレルの典型的な特徴が発見されたが、アミノ酸配列は非常に異なっていた。彼らの発見を記した論文が発表されたとき、ロジャー・チエンはいみじくも「蛍光タンパクのバラ色の夜明け」と題する紹介文を寄せた。[9]

チエンは後にインタビューに答えて言った。「あの論文は驚きの連続だった。まず、蛍光タンパクを発現していても発光生物である必要はないと彼らは言うんだ。その当時までは、蛍光と生物発光は常にセットになっているという固定観念を持っていた。それが間違っていたのだ[10]」。

赤色蛍光タンパクを励起するのに使う長い波長の光は、組織の奥深くで発現されるタンパク質の研究にとって魅力的だった。赤色光は緑色光よりもエネルギーは弱いが、波長が長いために生物組織の奥深くまで入り込む。たとえば我々の体から生じる赤外光は、ビルの壁を通して撮影できる。これは捜査当局者や軍が利用する熱感知画像技術の基礎をなしている。今や科学者は赤色タンパクを用いて、生きた生物の内部で機能している細胞、特に脳の細胞を、機能を損なわずに観察できるようになった。この技術は、健康な細胞と病気にかかった細胞の働き方の実態を、よりはっきり見せてくれることになる。

一九九九年当時、非発光動物中での蛍光の検出は新しい発見のように思われたが、実際にはこの現象についての報告は長い間に数回あった。ただほとんど注目されなかったのだ。早くも一九二七年に、「イソギンチャクの蛍光」と題する科学報告書が『ネイチャー』に現れた。[11] その中で英国の研究者C・E・Sフィリップスは、英国の南西海岸のトーベイで収集したイソギンチャクの一種は、紫外線を当てると蛍光を発したと報告している。しかし彼は後続の論文を何も発表しなかった。一九四〇年には、ミクロネシアのパラオ諸島のパラオ熱帯生物局でサンゴの色素を研究していた日本の海洋生物学者川口四郎は、緑色はサンゴで最も多く見られる蛍光色素だと書いている。[12] サンゴの蛍光の展示会さえ公開された。一九五〇年代後期には、太平洋群島であるニューカレドニアのヌーメア水族館館長ルネ・カタラは、蛍光を発するサンゴの水槽の常設展示を行った。その後、彼はヨーロッパでも展示を行い、一九六四年には『海中のカーニバル』という蛍光サンゴの写真集を出した。フランスの科学アカデミーの会員ルイ・フェージはこの本の序文を書いている。

夕闇の中でカタラが深海サンゴの上にある紫外線ランプのスイッチを入れると、突然息を飲むような光景が広がる。妖精の魔法の杖が触れたかのように、いっせいにポリプの色が変わる。日の光のもとで纏っていたさまざまな美しい色合いは、妖精の国のきらめく宝石に変わって、見る者を感嘆させる。花が咲いたようなイシサンゴの輪郭が水槽の暗がりの中で判然としなくなると、触手の先、口の周り、体に沿って、あちこちにルビー、エメラルド、トパーズが輝き出す。このような美しさに気づいて、見学者は群がり、科学者は注目し、誰もが見たい、研究したいと思う。[13]

それでも科学者たちはまだ注目しなかった。その後、一九九五年にチャールズ・マゼルによって『カリブ海の刺胞動物の蛍光発光のスペクトル測定』という論文が出された。マゼルは「紫外光あるいは可視光またはその両者によって励起されると蛍光を発する物質を宿主組織内に持つ」サンゴについて記述している。[14] マゼルは紫外線フィルターにかけた光とストロボを用いて夜のサンゴの像を捉えた。その像があまりに感動的だったので、一九九〇年代にナイトシー（NightSea）社を設立し、スキューバダイバーらが蛍光を発する海の生物の海中写真を撮るための、ランプとフィルターとカメラの付属品を販売した。

一九九五年にはシドニー大学のサンゴ学者が、サンゴの蛍光タンパクの単離に他の誰よりも肉薄した。『ハナヤサイサンゴとミドリイシサンゴの桃色と青色の色素の単離と部分的特徴づけ』と題する論文中で、ソフィー・ダブと共同執筆者は、ポシロポリンと名付けた一連のタンパク質について述べた。[15] しかし彼らはポシロポリンと緑色蛍光タンパクの類似性に気づかなかった。

クラゲからサンゴへと最初に知的な飛躍をしたのは、型破りなロシア人ユーリー・ラバスだった。彼の進化生物学と生化学の経歴と、限りない好奇心とが、蛍光タンパクは非発光動物にもあるかもしれないという疑いを持たせたのだった。それでもラバスのアイデアは、ルクヤノフグループの高度な遺伝子ハンティングの専門技術と意欲がなかったら、真価が問われないままであっただろう。遺伝子の発見と単離の過程では、特に配列が未知の場合、ほとんどの従来の生物学者にとって通常の守備範囲外の専門技術が要求される。このロシアのグループがモスクワ郊外の私設のサンゴの水槽へ導かれたのは、遺伝子ハンティング技術と進化学の知識がたまたま出会ったお蔭だった。

その後二〇〇四年に、ロシアのグループは三種類のカイアシ類で蛍光タンパクを発見して、再び科学界をあっと言わせた【口絵10】。これらの小さなエビに似た動物は、下村やハーベイが研究した発光動物、ウミホタル（*Cypridina*）に近縁である。カイアシ類は海洋生物界の重要な構成員であり、渦鞭毛藻などの微小な植物プランクトン細胞を食べて、太陽エネルギーを食物連鎖の上位へと運ぶ。サンゴやクラゲやイソギンチャクが属する刺胞動物門以外で蛍光タンパクが発見されたのは、これが最初だった[16]。

第10章 きらめくサンゴ礁

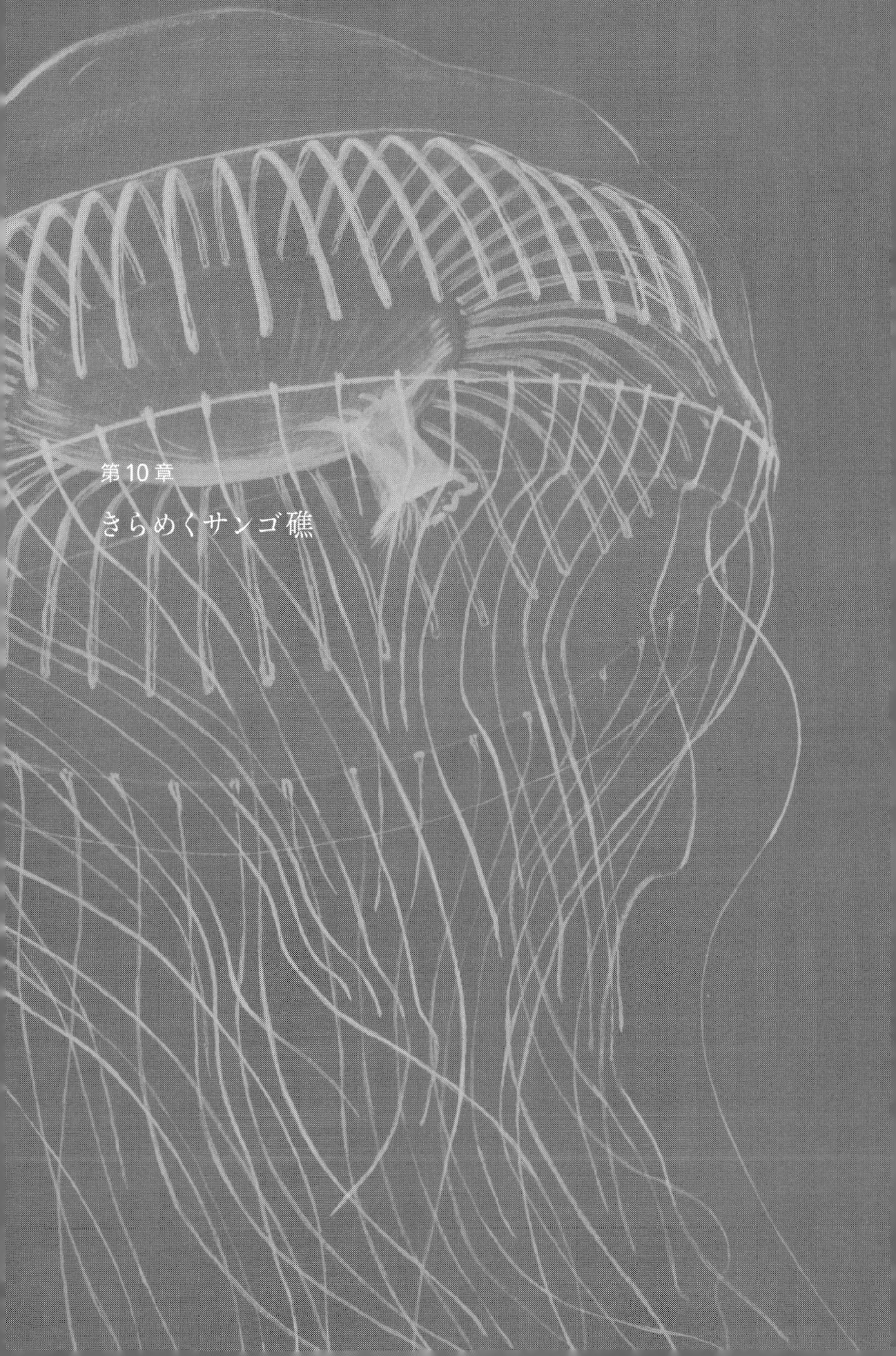

二〇〇三年五月、ディズニー＆ピクサーは『ファインディング・ニモ』を封切った。グレートバリアリーフから突然さらわれてシドニーの歯医者の水槽に入れられたカクレクマノミのニモを、気難しい父親が探す、素晴らしい冒険物語だ。このアニメ映画が封切られた最初の週末、七千万ドル以上の収益をあげ、すぐにアメリカ映画で歴代一二位の高収益を記録した。[1]『ファインディング・ニモ』は、サンゴ礁とそこに住む独特の生物にかつてない関心を引き付けた。オーストラリア政府の報告によれば、「『ファインディング・ニモ』はサンゴ礁に対する一般市民の関心を深め、サンゴの保護に関する意識を高め、観賞用海洋生物の取引の影響について業界が検討する動機を与えた」[2]。この映画によって予想外の出来事もいくつか生じた。飼っていた魚を下水管に流して解放しようとした子供たちもいた。配管工事会社、ロトルーターは当惑した親たちから九〇本を超える電話を受け、「ニモを下水に流さないで」キャンペーンを始め、流された魚が生き残れる見込みはわずかしかないことを子供たちに知らせた。[3]

『ファインディング・ニモ』には、サンゴ礁の動物や東オーストラリア海流などの複雑な海洋循環パターンについての正しい生物学的な記述が含まれている。ピクサーは数人の海洋科学者や生体力学の専門家に助言を求め、彼らはピクサーの従業員に魚の行動や動きなど、さまざまなテーマの二〇以上の講義を行った。冷水圏のコンブが暖かいサンゴ礁に生えているなど、誤りも散見されるが、ほとんどは細かいところまで正確である。たとえば雌のアンコウ（第一章で論じた）は映画の中で、背びれから伸長した発光する疑似餌を持ち、寄生性の雄を尻びれのすぐ上にくっ

カクレクマノミ（*Amphiprion clarkii*）はタマイタダキイソギンチャク（*Entacmaea quadricolor*）の触手の間に住んでいる。このイソギンチャクから遠赤色（611ナノメートル）の蛍光タンパクが発見された。インドネシア、サンゲアン島。Photo by Roberto Sozzani.

つけている。

カクレクマノミは、映画が描いているように、ある種のイソギンチャクと独特の共生関係を持っている。イソギンチャクはクラゲやサンゴと同様に、圧力によって作動する刺胞という銛（もり）のような刺す仕掛けを持つ。しかしカクレクマノミは不思議なことに刺胞を持つ触手の間を何事もなく縫って泳ぐ。繰り返し刺された幼魚が免疫を獲得する、あるいは体を覆う粘液層がイソギンチャクの攻撃から保護するのだろうと考えられている。仕組みはどうあれ、カクレクマノミは宿主を守り、イソギンチャクを食べようとする魚を攻撃する。

『ファインディング・ニモ』に描かれ

ていないのは、イソギンチャクが数種類の色の蛍光タンパクをあふれるほど持っていることだ【口絵11、12】。遠赤色（六一一ナノメートル）の蛍光タンパクをタマイタダキイソギンチャク（*Entacmaea quadricolor*）が持つことが最初に報告されたのは『ファインディング・ニモ』の封切りの数ヵ月前のことだった。遠赤色光は細胞や組織の奥まで届くので、神経科学界はこのタンパク質に強い興味を持った。モスクワの水槽で見い出された赤色蛍光タンパクを持つサンゴと同様に、タマイタダキイソギンチャクは個人の水槽でよく飼われている。ドイツのウルム大学の動物学・内分泌学科の研究助手ジェーク・ヴィーデンマンは、ウルム海水水槽管理者協会からこのイソギンチャクを贈られた。その二年前に彼はウルム大学の博士課程を修了し、大西洋と地中海原産のヘビイソギンチャク（*Anemonia sulcata*）の蛍光タンパクを同定していた。彼は二〇〇二年の論文で、新たに発見された遠赤色タンパクについて述べ、モスクワで発見された赤色蛍光タンパクと比較している。[4]

二〇〇二年までに緑色と赤色の蛍光タンパクは、生物医学研究の標準的な道具となっていたが、まだ応用の妨げとなる多少の限界があった。たとえば組織の奥深いところを見るのは緑色蛍光タンパクには難しかったし、赤色蛍光タンパクは表面からかなり下まで見ることはできるものの、いくつか別の問題があった。モスクワで発見された赤色蛍光タンパクは細胞内で凝集する傾向があるうえ、形成はゆっくりで、緑色の段階を通ってからしか赤く変わらない。チエンのグループはロシアで発見された赤色タンパクをあちこちいじくり、後に三三個の変異によって凝集しない赤色蛍光タンパクを作り出した。[5]

残念ながらヴィーデンマンのイソギンチャク由来の遠赤色タンパクも、医学への応用を妨げる困った特徴を持っている。人間の体温三七度では、ほとんど機能しないのだ。丈夫な赤色蛍光タンパクなら大いに利用価値があるのだが、いったいどこを探せばよいのだろう。ただ、一つの事実はますます明確になってきていた。つまりサンゴ礁の動物に蛍光タンパクが集中しているということだ。そして恐らく、彼らは完全な蛍光タンパクを隠し持っているのではないだろうか。

同じ二〇〇二年に、筆者らは蛍光タンパクの探索とリスト作りのためにインド洋－西太平洋地域へ向かった。水槽の中の少数のサンゴやイソギンチャクからでさえ数種類の新たな蛍光タンパクが見つかったのだから、世界中で最も多様性があると言われるサンゴ礁の生態系ならば、どんな驚きを秘めているだろうかと思ったのだ。

オーストラリアのグレートバリアリーフのリザード島は理想的な研究場所だった【口絵13、14】。我々の主要な目的は、サンゴをはじめとするサンゴ礁生物の蛍光のリストを作ることだった。このリスト作りに付き物の厄介な問題は、蛍光は日光の広域スペクトルにじゃまされない、暗い状況でしかよく調べられないことだ。サンゴ礁を中断されずに調べて生物の蛍光リストを作るには、夜間のダイビングが最も適した方法のように思われた。そこで我々は、背中に取り付ける強力な水中照明装置と、蛍光を捕らえるカメラを特注した。昼の間に目的地を選び、ブイに取り付けた夜光棒を利用して目印にした。毎夜、小さなモーターボートで暗い海に乗り出し、浅いサンゴ礁の中の曲がりくねった水路を注意深く操縦して通り抜け、選んだ場所にたどり着いた。そこで、たった一本の収束光線だけを頼りに、サンゴでできた壁を下った。さまざまに異なる色の蛍光タンパクを探すために、ダイビングごとに違う色の光とフィルターのセットを使った。水中では、一人が光源を操作し、もう一人は蛍光ビデオカメラを通してのぞいた。輝くものが見つかると、

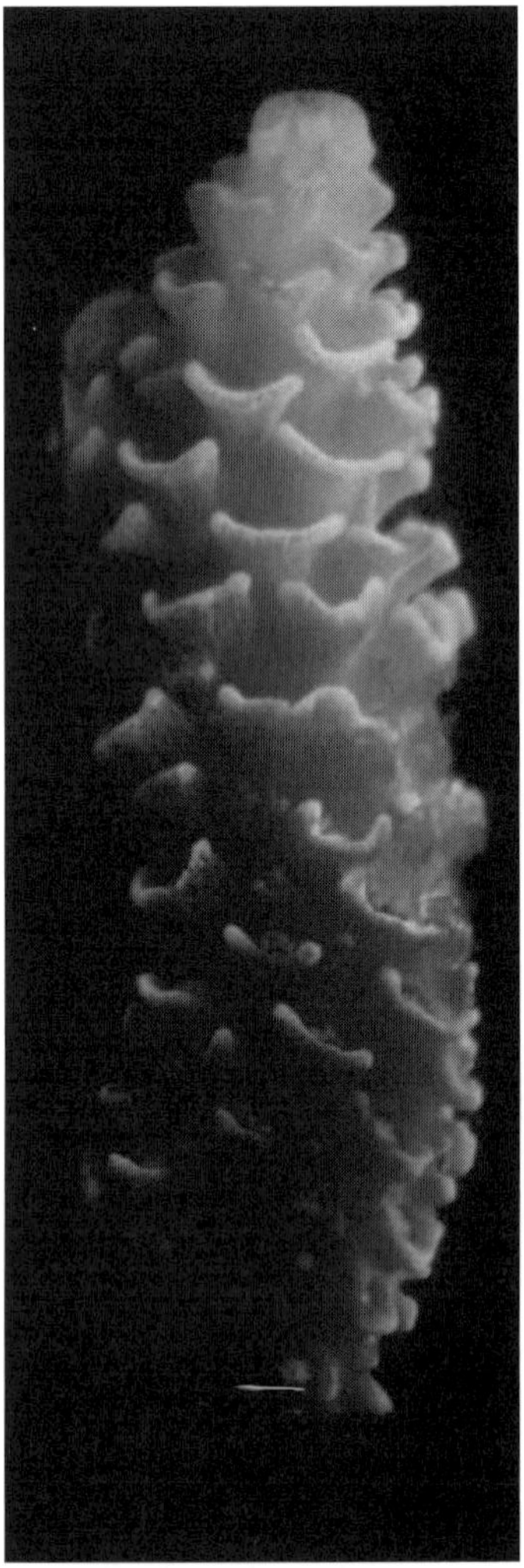

オーストラリア、グレートバリアリーフ、リザード島の蛍光を発するサンゴ（ミドリイシの一種 *Acropora latistella*）。撮影は筆者ら。

親指の爪ほどの大きさの試料を採取して分析した。
たった一ヵ月のうちに、黄色、緑色、橙色、赤色の蛍光タンパクを発現している一〇〇種を超えるサンゴに出会い、リストを作った。サンゴは多様な蛍光パターンを示していた。複雑な花模様を示し、数種類の蛍光タンパクを持っているものもあった。同一種のサンゴが共に暮らしながら、一方の個体は光り、他方は蛍光を示さないという場合にも出会った。本書を書いている時点で、我々は既に二五種類以上の新たな蛍光タンパクをクローニングすることができたが、まだ探索を続けている。なかなか捕まらない完全な赤色蛍光タンパクを今なお探しているのだ。それにしても、蛍光タンパクの潤沢さと多様さを見るにつけ、答えに窮する疑問がわく。なぜ蛍光タンパクは熱帯のサンゴ礁に集中しているのだろう？

活況を呈しているサンゴ礁では、水面下のほぼすべての居住地がさまざまな海の住民によって占有されており、一見平和に共存しているように見える。しかしもっとよく調べてみると、少ない食物と居住地をめぐって、絶え間のない無情な闘いが何千と繰り広げられているのが分かる。この激しい競争が、サンゴ礁の驚くべき生物多様性の原動力なのだ。一見のどかなこの環境での生存には、防御機構と共同契約が必須である。素朴なイモガイは、三〇種類以上の非常に強力な神経毒を充填した銛で武装してのろのろと動き回っている。毎晩たそがれがやってくると、夜行性の生き物は、サンゴをその炭酸カルシウムの住処から引き抜こうとし、サンゴの方は身を守るために粘液性の膜を分泌する。サンゴ礁は海底の〇・五％以下しか占めていないが、そこは生命で満ち溢れ、すべての海洋生態系の中で最も多様性がある。サンゴ礁に見られる種の数を見積もると、六〇万から九〇〇〇万以上におよび、地球上で最も多様な生態系である熱帯雨林に次ぐ位置を占める。[6]

サンゴは風変わりな生物種で、昔は植物と間違われていた。一七四四年にジャン・アンドレ・ペイソネルは、サンゴの「花」が実際は小さなイソギンチャクのような動物であることを発見した。彼は未発表の原稿に「海水を満たしたつぼの中でサンゴが咲いているのを観察したところ、植物の花と信じてきたものが（…）小さなクラゲかタコに似ていることがわかった」と書いた。[7]

ペイソネルのいう個々の「クラゲ」はサンゴの単一のポリプ、つまり一匹の動物で、大きさもピンの頭くらいからベーグルくらいまでさまざまだ。サンゴがその近縁のイソギンチャクやクラゲと異なるのは、サンゴが炭酸カルシウムの骨格を分泌することだ。イシサンゴ類は固い造礁サンゴで、ポリプは通常六本の触手を持つのに対し、ウミトサカ類（八放サンゴ類、八本の触手を持つ）は柔らかいが、外胚葉（表皮）の下に棘のある骨片を持つので、捕食者に嫌がられる。サンゴは海水に豊富に含まれるカルシウムと重炭酸イオンを秩序立った方法で取り込んで、炭酸カルシウムとして分泌する。サンゴの群体は種によって、大きな石や、枝分かれした指状の構造物や、独

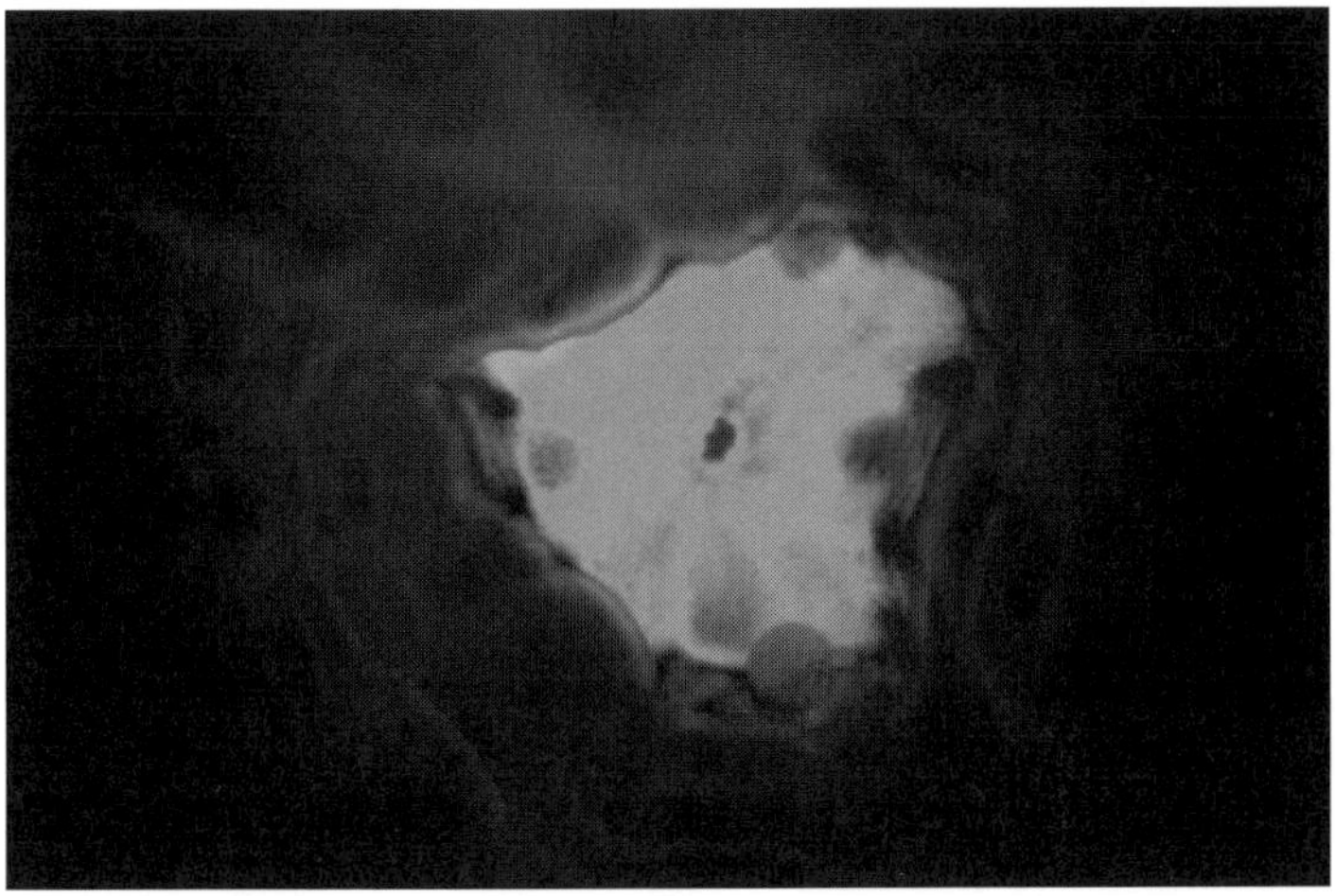

オーストラリア、グレートバリアリーフ、リザード島の蛍光を発するサンゴ（ハナガタサンゴの一種 *Lobophyllia hemprichii*）。撮影は筆者ら。

立したポリプを作る。大きな石を作るサンゴは毎年数ミリというゆっくりした速度で成長するが、枝分かれしたサンゴは年に一センチ以上、つまり爪が伸びるのと同じくらいの速度で伸びる。各ポリプは分裂してポリプを増やし、ついには隣どうしが相互に接続した群体のネットワークとなる。知られる限りで最古の石サンゴはインド洋で発見され、五千年以上前に定着した単一のポリプに源を発している。

ほとんどの造礁サンゴは、褐虫藻（*zooxanthella*）と呼ばれる変わった種類の原生生物と、親密で複雑で、まだあまり分かっていない共生関係を持っている。褐虫藻は渦鞭毛藻の一種の単細胞の藻類で、海洋中の生物発光の大半を作り出し、また有毒な赤潮や貝による麻痺性の中毒などの迷惑な

オーストラリア、グレートバリアリーフ、リザード島の蛍光を発するサンゴ（ハナガタサンゴの一種 *Lobophyllia hataii*）。撮影は筆者ら。

事件も引き起こす。たとえばフロリダのベニス地区では、一九四七年の秋のある朝、海が赤茶色のスープのように変わった。[8] 突然、何千匹もの死んだ魚が浜辺に打ち上げられ、刺激性の臭気が満ち、呼吸に支障を来たすほどだった。住民たちは最初は化学物質流出のせいにしたが、後に科学者によって、渦鞭毛藻の一種、カレニア・ブレビス（*Karenia brevis*）の大増殖が原因だと突き止められた。

渦鞭毛藻の既知の種のうち有害なのはたった三パーセントほどなのだが、それらは非常に危険な神経毒を作り出す。たとえばゴニオウラクス目の麻痺性貝毒産生渦鞭毛藻（*Protogonyaulax catenella* や *Gessnerium monilatum*）が作るサキシトキシンは、一九九五年に東京の地下鉄で撒かれた強力な神経ガス、サリンの千倍も毒性が強い。サキシトキシンはその致死性のため、表1毒性化学物質(Schedule 1 toxic chemicals)に分類されている。これは極めて高い危険性を持つ化学物質に用いられる名称で、化学兵器の開発・生産・保有・使用の禁止と廃棄に関する条約によって商業的利用が制限されている。[9] 化学兵器禁止条約としても知られるこの協定を、アメリカは一九九七年に批准した。

褐虫藻は毒性のない渦鞭毛藻で、造礁サンゴの内胚葉の中に住んでいる。個々のサンゴの細胞は褐虫藻細胞(大きさは一ミリの一〇〇分の一ほど)を取り込み、サンゴ細胞の内側の小さい胞の中に保持する。造礁サンゴには褐虫藻が密に詰まっているので、多くのサンゴは茶色っぽく見える。この共同生活(共生)は、サンゴにも褐虫藻にも都合が良い。一番重要なことは、褐虫藻は光合成中に作り出したグルコース、グリセロール、アミノ酸などの食糧をサンゴに供給することである。これらの物質はサンゴにとって生存のための主要なエネルギー源となる。褐虫藻が貢ぐ食糧は、サンゴの生存に必要な量の一〇〇パーセントを超えることさえある。そんなわけで、養分の枯渇した熱帯の海に住むサンゴは、この客人に大いに依存するようになった。その見返りとしてサンゴは、安全で保護された日の当たる住まいを褐虫藻に提供する。造礁サンゴの驚異的な生物学的生産性と石灰石分泌能力は、褐虫藻の光合成によって推進される、この相互交換の賜物なのである。

サンゴにとって褐虫藻という客による光合成が重要だと考えると、サンゴにこれほど大量の蛍光タンパクが存在する理由を説明できるだろうか。答えはまだはっきりしないが、一つの説は、蛍光タンパクは光の届きにくい深海に住むサンゴの光合成を促進するというものだ。[10] 水は非常に効率よく光を吸収するが、特に光合成に必要な波長の光をよく吸収するので、一〇〇メートルほど潜ると、光合成を起こさせる光はわずかになる。しかし紫外線のような高エネルギーの光は、光合成を起こさせはしないのだが、水中深くまで達する。蛍光タンパクの機能についてのこの説は、深くまで到達する高エネルギーの光を蛍光タンパクが吸収し、それを緑色の光に変換するという考えに基づいている。すると褐虫藻はその緑色光を光合成に利用できることになる。ただしこの考えの問題点は、科学的な分析と矛盾することだ。ほとんどのサンゴの細胞には、光合成を十分促進するだけの光を変換できるほど大量の蛍光タンパクは含まれていないように思われる。

別の考えは、蛍光タンパクは太陽光が強すぎるときにサンゴを守るというものだ。分かりやすく言うと、太陽の危険な光線への当たり過ぎによる日焼けからサンゴを守るのだ。[11] サンゴ内に共生する褐虫藻の葉緑素などの光合成装置は、強烈な日光によって毎日損傷を受ける。そうなると藻の集光センターは「光阻害」を受け、エネルギー生産能力が減少する。この説によれば、も

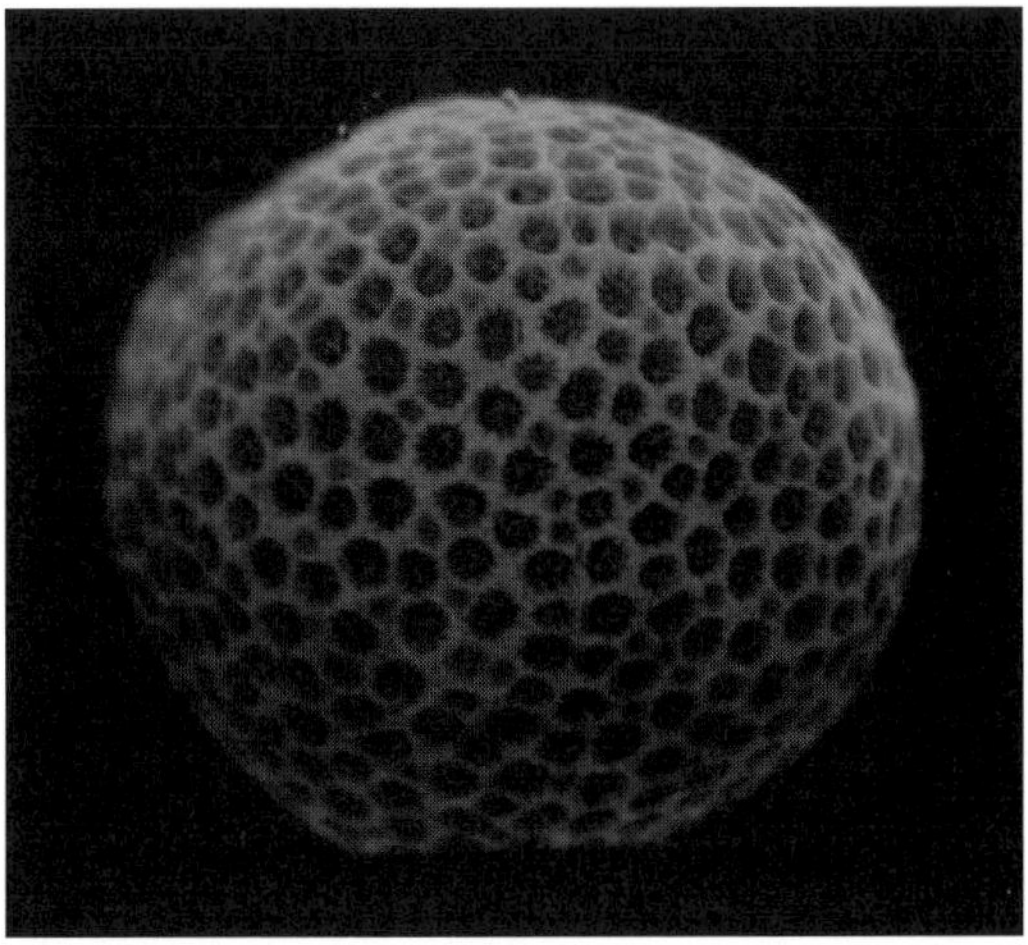

オーストラリア、グレートバリアリーフ、リザード島のハマサンゴ（*Porities*）の一種。撮影は筆者ら。

しサンゴが十分な蛍光タンパクを持っていれば、このタンパク質は光を吸収するために動員され、藻の集光センターに当たる光の量を減らしてこれらが破壊されるのを防ぐ。この筋書きでは、蛍光タンパクはサンゴを日光から守る作用するのではないかというのだが、この仮説についての判定はまだ下されていない。

また別の説は、蛍光タンパクは光合成の危険な副産物からサンゴを守っているとしている。強烈な日光が当たると、葉緑素は過剰量の高エネルギー電子を作り出し、これらの電子は行くところがないのでフリーラジカル〔不対電子を持つために反応性が高い原子や分子〕を生み出す。するとこれらは細胞の他の成分と反応して損傷を引き起こす。光合成生物は光合成の副産物であるフリーラジカルから身を守るさまざまな仕組みを進化させてきたが、サンゴは光合成生物ではないのでそのような防御機構を持っていない。藻の細胞壁やこれらを囲んでいるサンゴの細胞内区画の壁には透過性があって、サンゴは藻から炭水化物を取り込んだり、藻はサンゴから栄養物をもらったりできる。しかしこの態勢は、危険なフリーラジカルにサンゴを攻撃させてしまうことにもなる。この藻が浮遊性だったならば、多くの渦鞭毛藻と同様にフリーラジカルは海洋中に拡散してしまうのだが、サンゴの中に住む褐虫藻にはそのような選択肢はなく、有毒な副産物はサンゴの組織中に拡散する。藻が作り出すフリーラジカルを吸収するためにサンゴが蛍光タンパクを作るというのは、あり得る話だ。

褐虫藻とサンゴの関係は突然、差し迫った科学的問題となった。数年前、世界中のサンゴ生物学者たちは、サンゴ礁一帯が濃い茶色っぽい色から、薄い色へ、そして幽霊のような白さへと急激に変わっていくことに気づき始めた。カリブ海でも、インド洋でも、グレートバリアリーフでも、紅海でも、科学者たちは皆、同じ不可解な現象を発見し始めた。白く変わったサンゴのおよそ四分の一は、数週間以内に死ぬ。これはサンゴの白化(はっか)として知られるようになった。白化現象は世界中で常に夏季の数週間の間に起こる。一九九八年と二〇〇二年には世界のサンゴ礁のおよそ半分が白化した[12]。白化現象が何千キロも離れた場所のサンゴ礁で同時に起きることから、農業排水や富栄養化などは原因から除外される。このような広域現象は地球規模の要因が疑われる。夏季の気温の異常な急上昇に伴って白化現象が起きることから、水温の一、二度ほどのわずかな上昇がサンゴの白化の引き金として十分だと分かった。地球温暖化、公害、そしてエルニーニョ現象などが褐虫藻の健康に、したがって世界中のサンゴ礁に大きな影響を及ぼすと考えられている[13]。

白化は世界のサンゴ礁の深刻な脅威となるので、サンゴ生態学者の第一の関心事となった。観光船やサンゴ収集家による被害は、これに比べればちっぽけなものに見えた。イシサンゴ目の造礁サンゴはサンゴ礁構造と生態系の中心にあり、何千種類もの生物の住処（すみか）となっている。サンゴが提供する隠れ家と構築物がなかったら、サンゴ礁の生物多様性は激減する。白化の量が減少しなければ、二〇三〇年までにサンゴ礁の六〇パーセントが消滅するのではないかと科学者らは懸念している[14]。この分野の懐疑論者は、温暖化は過去にも起こったがサンゴは生き延びたと指摘しているが、以前の気候変動は前世紀から起きている急激な温暖化とは異なり、数千年から数百万年をかけてゆっくり起こったものなのだ。

サンゴの白化は、宿主であるサンゴの組織から共生する褐虫藻が失われる結果起きる。サンゴあるいは褐虫藻が、共同生活にはもはや相互のメリットがないと判断し、褐虫藻が出て行く、あるいは追い払われるのだ。共生者を失っても耐えられるサンゴもあるが、大部分は持ちこたえられず、結局は餓死する。白化を引き起こすような海水温の上昇時には、サンゴ体内でフリーラジカル量が増えていることを示すいくつかの証拠があるようだ。通常はフリーラジカルは光合成中に藻の中に生じるのだが、高温の期間が長引くと過剰な量がサンゴの中へと広がる。恐らくサンゴは過剰量のフリーラジカルによって危険性が高まったことを知って、藻の毒による損傷を被るよりましだと、藻を追い出す方を選ぶのだろう。確かに白化の過程の多くはまだ謎なのだが、サンゴで蛍光タンパクが発見されたことは、サンゴの白化の生理を解明する科学者の研究に重要な役割を果たすだろう。

サンゴに多量の蛍光タンパクが発見されて、サンゴ礁の生物が作る未発見の産物に注目が集まった。陸上生物の示す種の多様性も非常に大きいが、海洋生物はどの門にも必ず属する生物がおり、またいくつかの門と数千の種は他では見られないものである。たとえば被嚢動物、苔虫動物、海綿動物、棘皮動物は、陸上生物圏には見られない。サンゴ礁生物の多様性は、生物学上の重要な問題を解く道具として利用できる素晴らしい分子を探すための、選り取りみどりの生命系の場を科学者に提供している。サンゴ礁での生存競争の厳しさと、何百万年にもわたる進化とが、生命と生存様式に驚異的な多様性を生み出してきた。多くのサンゴ礁生物はしっかり固定されているので、環境の変動や捕食者やその他のストレス要因から逃げられない。彼らは捕食を阻止し、病にあらがい、競合生物と闘うために、生物活性化合物を利用して、さまざまな形態の化学戦争に関わっている。毒を使って獲物を取る動物もいる。これらの化合物はその生物が作るか、組織内に住まわせている微生物から得る。防御化合物はその独特の構造と生物活性から、生命を救う医薬品や工業製品を生み出すことが多い。

科学者たちや生物資源探索者たちは、サンゴ礁の環境に住む生物が持つ膨大な分子や化学の宝庫の表面をサッとなでたにすぎない。医学的および商業的に莫大な価値を秘めた新たな化合物の興味深い手がかりが、さらなる調査を待っている。際立った例は腹足類の一つの〔亜〕目イモガイ（*Conus*）で、知られているだけで七〇〇以上もの種を含む。これらは大きさが三センチ以下から七センチ以上に及ぶ円錐形の美しい模様の貝殻の中に住んでいる。その不活発な動きからは獰猛な行動が予想できないが、この目のさまざまな仲間は魚や他の軟体動物や小さな無脊椎動物を狩る。これらのイモガイは獲物に忍び寄り、目にもとまらぬ早業で強い神経毒を持つ銛を打ち込む。銛は犠牲者に食い込み、強力な神経刺激剤の混合物を注入する。これらの作用物質には、ナトリウム、カルシウム、カリウムイオンチャンネルなどの多くの哺乳類タンパクの阻害薬が含まれる。この毒は人間をほんの数分で殺すことができるが、科学者たちは不整脈、てんかんなどの病気や激痛の治療にこの毒の成分を利用し始めた。何種かのイモガイに由来する成分は、モルヒネやコデインよりはるかに強力で中毒性も低いので、そのうち疼痛の治療薬として置き換わるかもしれない。

サンゴとカイメンは抗がん物質や抗菌物質の分泌についても調べられている。そのような数種類の薬剤は現在、臨床で用いられたり、臨床試験されたりしている。カイメンから抽出された化合物は、ＨＩＶやヘルペス感染の治療のための抗ウイルス薬として利用されてきた。ウミウチワは日焼けを治療する薬品を作るために使われ、抗炎症作用で知られるカリブ海に生息する八放サンゴ（*Pseudopterogorgia elisabethae*）は洗顔料やクリームの成分として使われている。現代の分子的および生化学的精製技術により、これらの化学物質が続々と人間の病気治療のために使えるようになるだろう。

残念ながら世界中のサンゴ礁の五八パーセントが人間の活動により脅かされている。[15] 地球温暖化に加えて集約農業や森林伐採や開発が、大量の土砂、栄養素、その他の汚染物質を沿岸の海域に流し込み、サンゴ礁の広範な崩壊を招いている。サンゴ礁ではしばしば集中的な漁が行われる。インド洋や太平洋の海域では、ダイナマイトや毒を用いる破壊的な漁がサンゴ礁の生き物を壊滅させてきた。[16] ロジャー・チエンは、サンゴの蛍光タンパクについてはじめて記述したマッツの論文の紹介文の中で以下のように書いている。「サンゴ礁は地球上で最も美しく豊かな生物種の生息地に数えられるが、また、気候変動、汚染、近視眼的な乱開発に最も脅かされている場所でもある。サンゴ礁の保全にはいまさら理由を付け加える必要はないだろうが、蛍光を発するサンゴからの美しく有用な蛍光タンパクは、生物多様性の実用的な価値を示すもう一つの明確な例である[17]」。

第 11 章

脳のライトアップ

新たな蛍光タンパクを探す試みは、最初は発光動物だけを対象にしていたが、観賞用の水槽へと広がり、次には太陽光の降り注ぐサンゴ礁へ、さらに海洋の沿岸部を住処とするほとんどの生物をも巻き込むようになった。今や研究者が新しくユニークな蛍光タンパクを探す場所に境界はないように思われる。海底の最も深い場所、海溝でさえ例外ではない【口絵15】。蛍光タンパクの科学的応用も発展した。一九九四年にチャルフィーがクラゲの蛍光タンパクを別の動物に導入してからわずか数年で、明るく光る蛍光分子は、最も不可解で神秘的で理解しにくい器官である脳の壁を乗り越え始めた。

人間の脳はゼリーくらいの堅さの、およそ一・四キログラムの脂肪質組織で、その内側に隠されているのは、最新式のコンピューターの能力を超える処理能力を持つ、複雑な構造の電気化学的世界だ。脳が思考・論理・記憶・感情に関連しているという認識を我々が持ったのは、はるか昔に遡る。紀元前四〇〇年にヒポクラテスは、脳は知性の源であること、すなわち「理解の作用を有し（…）脳は根源である」と宣言した。[1] 後にアリストテレスは、知識を蓄えているのは心臓であり、脳は単に血液を冷やす装置であると信じて、これに異議を唱えた。さらに、人間が他の動物より理性的なのは、体のわりに大きな脳が盛んな血気を冷やすためだと論じた。[2]

脳は特色のない外観からは高度な機能を持つとは信じがたかったので、その後の二千年間、人々を当惑させ続けた。一六五三年になってさえ、ケンブリッジ大学の著名なプラトン派の学者であったヘンリー・モアは、「凝乳の鉢から何も見つけ出せないのと同様に（…）人間の脳髄」からも何も見つけ出せない、と書いた。[3] しかし技術の開発によって脳の微細構造が見られるようになると、その複雑さが著しく明白になった。実際、脳は凝乳の鉢よりも多くの機能と精緻さを持っていることは確かだ。

脳研究の転換点は一八八七年にやってきた。スペインのバレンシア大学の三五歳の解剖学教授、サンティアゴ・フェリペ・ラモン・イ・カハールが、友人宅の食事に招かれて北西のマドリッドへ向けて旅をし、そこで脳細胞染色の最新技術を習った時だった。彼の友人の精神神経科医で、政治活動家でもあったルイス・シマッロは、パリでの自主亡命から戻ったばかりだった。スペイン当局が、彼の経営する精神病院で死亡患者の脳をもはや検査してはならないと通達したので、数年間スペインを離れていたのだ。[4] シマッロは最先端のクロム酸銀法によって染色した脳組織の試料をフランスから持ち帰った。この染色法はその一四年前に、イタリアのパヴィア大学の「組織学の並外れた教授」カミッロ・ゴルジによって発明されていたが、カハールが脳構造のこれほど詳細な像を見たのはこれがはじめてだった。

ゴルジ染色法は不思議なことに、個々の組織切片中の約一パーセントのニューロンだけが染色されるという、独特の選択性を持つ。脳には曲がりくねって畳まれた細胞が詰まっているので、すべての細胞が染色されると、組織は何の変哲もない黒一色の塊に見えてしまう。ゴルジ法では、わずか数個の孤立したニューロンが薄黄色の背景に対して黒く染まって見える。「墨絵のようにすべてがくっきりしていた」とカハールは記している。[5] 数個の細胞だけが染色されるので、それらの樹状パターンや接続がはっきりし、ひどくこんがらかったニューロンのようすが解明される。カハールは「パヴィア大学の学者のクロム酸銀法で染色された有名な脳の切片に（…）見惚れてしまう最初の機会を得たのは、シマッロ博士の家でだった」とも記している。[6]

カハールは一八五二年にスペインのアラゴン地方のさびれた田舎町ペッティラに生まれ、八歳の少年時代には、「衝動を抑えられず、夢中になって紙に絵を書きなぐり、本に落書きをし、塀や門や扉や塗り替えたばかりの建物の正面にありとあらゆる図柄や戦闘や闘牛場の場面を描いた」[7]。学校はサボるし、激しい気質の反抗的な子供で、手作りの大砲で隣家の門を吹き飛ばして闘争心を発散させたこともあった。外科医であった父親は、カハールの学業への興味のなさと悪童ぶりに手を焼き、一四歳のときに手に職をつければと床屋へ年季奉公に出した。この経験はカハールの脳分野への進出に間接的に役立つことになった。彼は床屋で神業的な剃刀（かみそり）さばきを身につけ、後にこの技術は、脳組織の精密な薄切片を作るのに役立った。

カハールの解剖学に対する興味は一六歳の時に突然湧き起こった。父が月明かりの中、アイエルベの荒廃した墓地に彼を連れ出したのだ。彼らはいっしょに塀を乗り越えて研究用の骨を探し、そこで白骨化したさまざまな遺骸を見つけた。「青白い月明かりの中で、細かな砂利に半ば埋もれ、不遠慮なアザミやイラクサにまとわり付かれたそれらの頭蓋骨は、浜辺に打ち捨てられた廃船か何かのように見えた」と彼は記した。[8] 彼らは骨を家へ持ち帰り、カハールはそれらをスケッチし始めた。こうして彼の解剖学の仕事は始まった。

カハールはゴルジ染色法を二年かけて改良して完成させ、一八九〇年に神経系の構造に関する一四報の独創的な論文を発表した。「私は実りの多い分野を見つけたことに気づき、もはや単なる熱意だけに留まらず猛烈な勢いで仕事に邁進し、この分野からの成果を得ようとし始めた。熱に浮かされたように論文を出し続けた」[9]。カハールは、マウス、ネコ、ウサギ、モルモット、イヌ、ウシ、スズメ、ニワトリ、ヤツメウナギ、ヒトなど、入手できたすべての種類の脳組織をひたすら染色した。彼ははじめて、脳の詳細な構造の図を描いた。それは息を飲むような複雑さと美をうかがわせていた。

一八八〇年代後半には、神経科学分野はまだ初期段階にあったが、神経系は融合したガラス管の入り組んだ構造のような、要素が繋がった網目から構築されているという学説がほぼ受け入れられていた。神経系を通して情報が迅速かつ正確に伝達される仕組みをうまく説明できるのは、融合した系しかないように思われたからだ。しかし顕微鏡を通して見入ると、カハールは反復する特徴的な構造に気づき始めた。樹木状の独特の付属物をもつ孤立したニューロン（神経細胞）である。この観察は、当時受け入れられていた「相互接続した単一構造」学説とは相容れない。「顕微鏡標本に新たな事実が見つかると、心の中にいろいろなアイデアが湧き上がり、正しいのはあれかこれかと考えた」[10]。カハールは、ニューロンは独立した単位で、それぞれの末端は樹状突起や他の細胞体の近くにあることを図に示した。それらは以前に考えられていたように融合しているのではなく、むしろ多くのニューロンがバケツリレーの隊列を組んでいるように見えた。カハールがゴルジの染色法を用いて何百枚もの写実的な図を描いて発表した結果、科学界の大多数はじきに納得して、脳の融合説を退け、多くの個々のニューロンの集積としての脳のモデルに賛成するようになった。脳は一本の長い糸ではなく、何百万もの個別の糸によって編まれたセーターにたとえることができようか。

不思議なことに、カハールが偉大な人物だと思っていたカミッロ・ゴルジは、数少ない断固たる反対者の一人だった。一九〇六年一〇月、カハールとゴルジはノーベル生理学・医学賞を共同受賞した。カハールとゴルジは授賞式ではじめて顔を合わせたが、カハールがゴルジに対して抱いていた偉大な科学者としてのイメージは打ち砕かれた。ゴルジはノーベル賞講演を、否定された融合説を力説する最後の機会として利用したのだ。「傑出したスペインの同志の高い知性が生んだ立派な成果としての学説の輝かしさを、私は賞賛はしますが、同意することはできません」と彼は述べ、さらに言葉を続けてカハールのニューロン説をあざ笑った。「生理学者、解剖学者、病理学者の大多数はニューロン説をまだ支持しており、臨床医はまるでこの考えを金科玉条のように尊んで、これを受け入れないことには、自分が最新知識を取り入れていると考えることができないのです」[11]。この発言はゴルジ自身の技術を基にした何十年来の研究と矛盾するので、聴衆のほとんどは唖然とした。それからおよそ四〇年後、ゴルジもカハールも亡くなっていたが、電子顕微鏡によりニューロン間にシナプスと呼ばれるわずかな隙間が現実に存在することが示され、カハールが本当に正しかったという明確な証拠がもたらされた。今日でも彼の手描きの脳のスケッチは、神経科学の教科書に頻繁に掲載されている。

カハールが神経科学に与えた影響の大きさは、脳を視覚化する技術の進歩がいかに我々の理解を転換したかを見れば分かる。しかし脳についての当時の知識を劇的に進歩させた、カハールの技術は信じられないほど単純だった。ゴルジ法は、意識を持つことのできる脳の隠れた迷路のよ

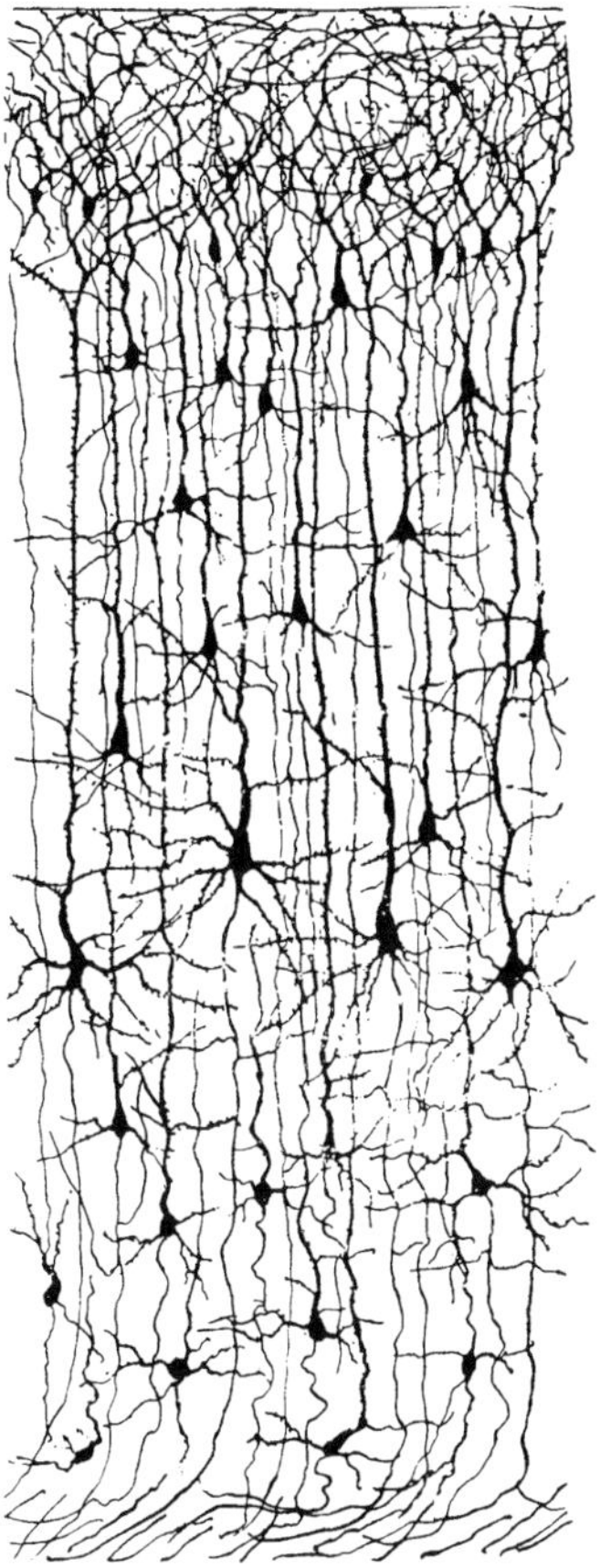

サンティアゴ・フェリペ・ラモン・イ・カハールによるヒトの大脳皮質中のニューロンのインク画。©Heris of Ramón y cajal.

うな構造を明らかにした。歴史全般を通じて、見えないものを見えるようにする技術の飛躍的な進歩は、長年越えられなかった障害物を乗り越えさせ、大躍進のための道を開き、科学分野で極めて重要な役割を果たしてきた。

死んだ組織からカハールが作製した図は、生きた脳組織を蛍光タンパクで光らせたときに見られるものと著しく似ている。しかし、ゴルジ法で起きるランダムで偶然の染色とは異なり、蛍光タンパクには選択した脳細胞を標識するという利点がある。また蛍光タンパクによる方法は、生きた脳細胞が成長し死ぬ様子を観察できるという重要な長所もある。たとえば序章に登場した研究者は、生きたニューロンを直接見るために蛍光タンパクを使い、アルツハイマー病の症状が進行する間に老人斑によってニューロンが衰えて破壊されるのを目撃した[12]【口絵16】。〔また複数の蛍光タンパクを利用して〕特定の細胞を標識できるので、それぞれの脳細胞に特有の活動を見ることが可能になる【口絵17】。

蛍光タンパクの視覚化の力によって非常に発展した神経科学の研究領域は、嗅覚分野である。嗅覚系は五〇万種類を超える匂いを検知し、味覚の基盤となることが知られている。舌は塩味、甘味、酸味、苦味、うま味のたった五種類の基本的な知覚を作り出すにすぎない。食物を噛んでいると、その分子は空気に運ばれて口の裏側の通路を通って鼻の中へ漂って行く。鼻の裏側の奥まった所だが、それでも空気にさらされている場所には、匂いを感じる何百万もの嗅覚ニューロンがパッチワークのように並んでいる。ほとんどの匂いは、数百から数千種類のさまざまな濃度の揮発性分子の混合物なのだが、嗅覚系が数千種類の化学物質を検知して識別する仕組みはいまだに謎だ。分子の形が匂いを決めると考える者もあれば、鼻の中の嗅覚受容体が匂い分子の分子内振動を検出すると主張する者もいる。

一九九一年にコロンビア大学の二人の分子生物学者、リンダ・バックとリチャード・アクセルは、膜タンパクをコードしている遺伝子の一団を発見した[13]。この新しい集団は近縁の遺伝子ファミリー（染色体上で互いに隣接した位置に発見されることが多い）から構成されていた。彼らが発見した遺伝子はおよそ一千に及び、ヒトの近縁遺伝子の一団でこれより大きなものは見つかっていない。バックとアクセルは、自分たちが発見したのはなかなか捕えられなかった嗅覚受容体タンパクではないかと思い始め、これらが鼻の嗅覚ニューロン中に存在するかどうかを調べた。

アクセル研究室の以前のメンバーで、現在はロックフェラー大学の嗅覚グループの長であるピーター・モンバートは、新発見タンパク遺伝子の一つに緑色蛍光タンパク遺伝子をつなげ、これをマウスに導入した。彼がマウスの鼻の中を顕微鏡で見ると、この特定の受容体を持つニューロンだけが明るい緑色に光っていた。各細胞から出ている軸索が、鼻から頭蓋骨の小さな穴を通り、脳に達しているのが簡単にたどれた。光っている細胞は鼻全体にランダムに散在していたが、光る軸索すべてが嗅球中の一点に収束しているのを見て研究者らは驚いた。二つの嗅球は脳の前面にある細長い錠剤形の構造で、大きさは人間の場合それぞれ豆粒ほどである。各嗅球の表面には一面に丸い構造体が散らばり、豹革のような外観を呈している。

鼻の中で新たに生じるニューロンは軸索を伸ばし、頭蓋骨をするりと通り抜けて脳に達し、適切な嗅球上の的確な位置に結合する。分かりやすく言いかえると、嗅覚ニューロンが人間の大きさでその腕が軸索だとすると、手はフットボール場の長さの距離を数千人の群集をやみくもに掻き分けて先導し、特定の人の肩のところで止まらなければならないことになる。くしゃみのたびにこれらの細胞の多くが死ぬので、鼻の中では新たなニューロンが死んだ細胞を迅速に置き換え、軸索は脳までの同じ旅を始めなければならない。ニューロンがこの長旅を実行する仕組みは分かっていないが、これは匂いの識別のためには必須である。事態をさらにややこしくしているのは、それぞれの嗅覚ニューロンは、細胞内で作られて表面に送り出される受容体タンパクが違うだけで、互いにほぼ同一だということだ。この受容体タンパクは匂い分子が結合する場所なのだが、これが脳内での他のニューロンとの結合の仕方をも支配している。

研究者らは個別の嗅覚受容体タンパクを蛍光タンパクで光らせて、それらを持つ嗅覚ニューロンだけが緑色に光ることを確かめ、一個の嗅覚受容体細胞の光を放つ軸索を脳までたどり、それがどこに接続しているかを目撃することができた。これらの実験によって、驚くべき組織化の新方式が明らかにされたので、科学者は嗅覚系が機能する仕組みを再考しなければならなくなっ

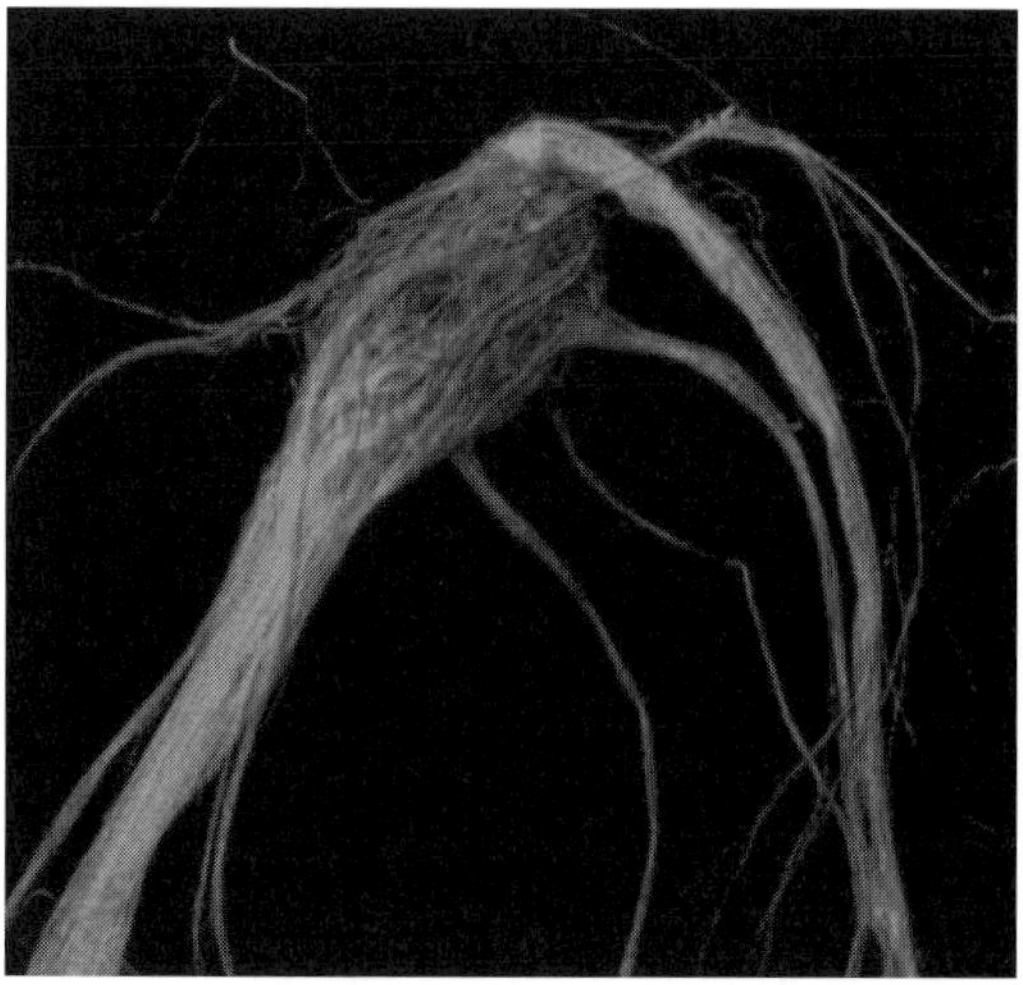

GFP標識したマウスの嗅覚受容体軸索。Courtesy of Peter Mombaerts.

た。たとえばカモミールの香りはいくつかの種類の嗅覚受容ニューロンのセットを活性化し、サフランの香りはまた別のセットを活性化する。二つのセットのニューロンの一部は重なっているかもしれないが、大部分は重なっていない。脳は何らかの方法で受容ニューロンの活性化パターンを感知し、どちらの香りかを判断する。二〇〇四年のノーベル生理学・医学賞は、嗅覚受容体および嗅覚系の組織化の発見に対して、アクセルとバックに授与された(カハールとゴルジの受賞のほぼ一世紀後のことになる)。蛍光タンパクは、アクセルの四五分間のノーベル賞講演では二三枚のスライドに現れ、断トツの主役を演じていた。

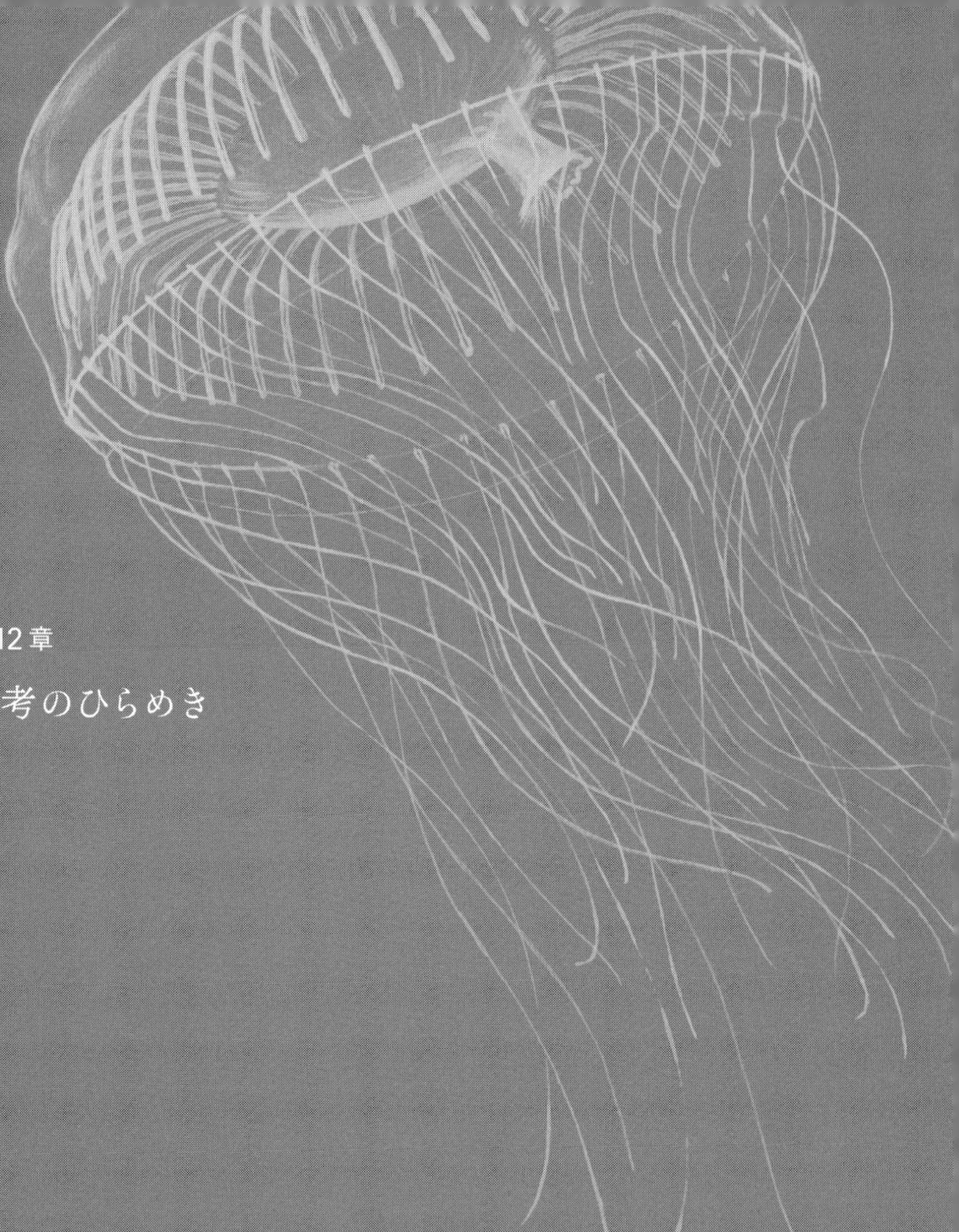

第12章

思考のひらめき

二〇世紀の前半には、科学者はカハールのニューロン説に基づいて探究し、脳がさまざまな形と大きさの莫大な数のニューロンから構成されていることを突き止めていた。ニューロンは、嗅覚、視覚、聴覚といった個別の役目に専念するグループを作って高密度に群がっていることが明らかになってきた。脳のこれらの領域の一般的な役目は同定されたが、内部の仕組みはまだほとんど謎のままである。

脳の機能と領域を結びつける初期の研究は、スイスの生理学者ウォルター・ルドルフ・ヘスによって一九三〇年代に始められた。主にネコを使い、脳のきっちり定めた領域を微弱な電流で刺激した。ヘスは、指ならばチクッと感じるかどうかくらいのこの小さなショックが、挙動と生理的応答に劇的な結果をもたらすことを発見した。「非特異向性の動力発生部の限局された領域内へ刺激を与えると、通常は（…）気分の明らかな変化が起こる。それまで温和だったネコでさえ、怒りっぽくなって、唾を吐き始め、近づくと狙い澄まして攻撃をしかけるようになる」と彼は記述した。刺激する領域を変えると、別の種類の応答が起きることを発見した。「たとえば血圧は上昇せず下降し、心拍数は増加せず減少する。同時に呼吸は、非特異向性の動力発生部の刺激で得られた応答とは逆に、激しくならずゆっくりになる」[1]。ヘスの研究から、カハールが発見したニューロンの手の込んだ構造は、体との情報のやりとりに電気信号を使っていることが明らかにされた。

第二次世界大戦ののち、科学者たちはレーダーやソナー用に開発された感度のよい電子部品を利用して、ニューロン中で見られる電気信号の測定や操作を行い、ニューロンがカリウムイオンを細胞内に濃縮し、ナトリウムイオンを排出することによって、情報伝達のための電気を生み出していることを発見した。これはイオンチャンネルという、膜を貫通する選択的なトンネル——カリウム専用のものやナトリウム専用のものがある——を介して行われる。トンネルは入場の可否を決める高級なナイトクラブの警備員と同様に、分子の門番として働く。イオンは電荷をもつので、その動きや細胞の内と外の濃度の不均衡によって、小さな電位が作り出される。この電位により各ニューロンは電池の性質を持つ。細胞の電位が臨界値に達すると、ナトリウムチャンネルはパッと開き、ナトリウムイオンが細胞内にどっと流れ込む。この正に荷電したイオンの流れは、細胞電位に短時間の急上昇（スパイク）を引き起こす。スパイクすなわち活動電位は、ニューロンの表面を池の波紋のように広がる。電位の波紋が神経末端の一つに達すると、隣接するニューロンへ向かって神経伝達物質と呼ばれる強力な化学物質が放出される。神経伝達物質はシナプス間隙を超えて電気信号を次のニューロンへ導く。ニューロンの電気的性質についてのこれらの科学的研究は、カハールが同定した構造に命を吹き込んだ。脳は大規模に相互接続したニューロンからなり、断続的な電気的パルスと化学的パルスで情報伝達している。その中のどこかに、人間の意識が存在している。このニューロンの発火を理解したり解釈したりすることは、どちらも困難であるし、さまざまな倫理的ジレンマを研究者に突きつける。

一九五〇年代から一九七〇年代にかけて華々しく活躍したスペイン生まれの神経科学者ホセ・

マニエル・ロドリゲス・デルガドも、これらのジレンマを常にうまく解決したわけではない。デルガドは脳のさまざまな領域を刺激して、行動面に現れる効果を観察し始めた。他の多くの科学者らも同様な研究をしていたが、彼には人目を引くような大胆な行為や実験を行う才能があり、またそれを好んだので、いつも世間の目にさらされていた。彼は、不安・喜び・敵意を司る脳を研究する方法として、脳への直接的な電気刺激を熱心に主唱しており、この方法は人間の行動「欠陥」の治療にも利用できると提唱した。脳に（電極を）埋め込んで人間の「反社会的な」行動をコントロールするというアイデアによる効果的な治療目標を論じた研究発表は有名である。彼はまた、このような行動の修正は、社会が学校教育や法律で行動を修正するのと同じことだと考えて、政府や社会がこのような技術を大規模に利用して社会の発展に影響を与えることを公然と擁護した。マドリッド医科大学で教育を受けたデルガドは、カハールの遺したものによって刺激された。「記憶・感情・理性についての物理化学を根拠とした知識は、人類に真の創造性を獲得させ、脳を自在に操ることこそが最高の偉業となるだろう、とカハールは述べた」とデルガドは記している。[2]

一九六四年、当時エール大学医学部の教授だったデルガドは、スペインのコルドバの闘牛場で、雄牛の脳に埋め込んだ金属線電極と接続した無線受信機「スティモシーバー」を用いて、脳への刺激を実演して見せた。埋め込み手術の翌朝、回復した雄牛は闘牛場に引き入れられ、赤いケープを纏ったマタドールによって挑発された。数秒後、伝統的なマタドールの衣装ではなく、灰色

ホセ・M・R・デルガドが雄牛の脳内の遠隔操作された電極で、突進する雄牛を止めている（1964年）。Courtesy of José M. R. Delgado.

のズボンとセーターと黒いネクタイを身につけたデルガドが闘牛場に素早く入り込んだ[3]。

デルガドは片手に大きなリモコンを持っていた。猛り狂った雄牛は彼を認めると突進し始めた。雄牛がデルガドを突く直前、彼はリモコンのボタンを押してスティモシーバーを作動させ、雄牛の脳を刺激した。雄牛は突進をやめた。最後にデルガドが別のボタンを押して脳の別の領域を刺激すると、雄牛は素直にくるりと向きを変えて走り去った。

『ニューヨークタイムズ』紙はこの事件を、一面で「無線機を持つマタドール、配線された雄牛を止める」と見出しをつけ〔見出しのWired

Bullは「配線された雄牛」の意味と「興奮した雄牛」の意味をかけたダジャレになっている)、「脳を外部からコントロールして動物の行動を意図的に変更させた、恐らく今までで最も見事な実演」と報じた。[4] デルガドは一九六九年に出版した『心の物理的コントロール――精神教化社会へ向けて』で次のように書いている。「脳への刺激が攻撃的な行動を阻害し、まっしぐらに突進してくる雄牛を急に止められることも、繰り返し実証してきた。この結果は、雄牛を止めて向きを変えさせる運動作用と、攻撃的な行動の阻害の組み合わせのように思われる。刺激を繰り返すとこれらの動物は通常よりも温和になり、闘牛場内に研究者がいても数分間は何も攻撃を仕掛けずにおとなしくしている」[5]。

デルガドは彼の研究を動物だけにとどめず、人間に対して行った実験も記述している。これらの研究は常に、慢性の神経疾患をもつ患者を救う意図のもとに行われた。彼は、直径0.1ミリのステンレスの針金数本を頭蓋骨に開けた穴を通して脳まで入れる方法を開発した。[6]『心の物理的コントロール』の「脳内の地獄と天国」という章に、脳の個別の領域の電気刺激に対してどんな感情の応答をするかを記している。ある症例では、女性患者は脳の刺激に対して暴力的な反応を示した。「彼女が上手にギターの弾きながら情熱的に歌っている時に、(脳の)この点に一・二ミリアンペアの刺激を与えた。刺激の七分の一秒後に彼女はギターを投げ捨て、激高して壁を叩きはじめ、それから床の上を数分間歩き回った。そののち、だんだんと落ち着き、朗らかな態度に戻った。この実験結果は別の日にも同じように繰り返された」[7]。

デルガドをはじめとする神経生理学者たちは、脳に針金を埋め込んでわずかな電流を流し、脳のいろいろな領域への刺激とそれによる行動面の応答を関連づけてマップした。刺激する領域の違いによって、喜び・痛み・痺れ・怒り・恐怖・激情が引き起こされた。脳のまた別の領域を刺激すると、色や形が一瞬見えたり、音が聞こえたり、触わった感覚を覚えたりというような体験を引き起こした。

一九七〇年代にはこの種の研究は強い反発を招き始めた。一九七二年二月二四日、アメリカのニュージャージー州選出の下院議員コルネリウス・ギャラガーは下院の前に進み出て、精神科医ピーター・R・ブレギンの書いた『ロボトミーと精神外科手術の復活』と題する一一ページの書類を、「今まで読んだうちで最もショックな書類の一つ」と言って提示した。ギャラガーはこれをジョージ・オーウェル式の脳実験だと考えて、アメリカ国民に警鐘を鳴らすことが目的だった。[8]ブレギンは次のように記述している。

デルガドは究極のロボトミー――人間の長期にわたる直接的な物理的コントロール――に取り組んでいる。（…）これに『1984年』を連想させるようなことは何もないとデルガドは否定しているが、彼はさまざまな感情を脳波から検出・記録し、選択的に阻害するという、コンピューターによる人間のリモートコントロールを研究してきた。（…）これはまだ「思惑」段階ではあるが、決してありそうもないことではない。もし数人の研究者らが今までほとんど財政援助を受けずに、別々に研究してきたことを続けられるなら、集中的にやりさえすれば、人間の完全なコンピューターによるコントロールを数年のうちに開発できるかもしれない。[9]

ブレギンはさらに続けて、デルガドは軍隊の兵士に電極を埋め込んで軍司令官がコントロールすることを想定し、また凶暴なあるいは社会に受け入れられない人々を、脳への電極の埋め込みによってコントロールできると考えていると書いた。

デルガドは「冷酷な独裁者がマスター無線機の前に立って、望みもなく奴隷化された一団の人々の脳の奥底を刺激するなんてことがあり得るだろうか？」と疑問を投げかけて、ブレギンのような人々の恐怖に対処しようとした。「感情的な反応に影響を与えられるのは本当だし、おそらく患者を活動的あるいは情熱的にできるのも本当だ」と彼は認めるのだが、こうも言う。「EBS（脳の電気刺激）によって人格を他のものに変えることもできないし、人間をお行儀の良いロボットにすることもできない」と。[10]

人間行動のコンピューターによる完全なコントロールはまだ実現性はないし、科学的関心の的ですらない。しかし最近、脳への直接の電気的な接続に対する研究の高まりがあった。ペンタゴンには、米国国防総省高等研究計画局（ＤＡＲＰＡ）と呼ばれるほとんど知られていない部門があり、この種の研究を強力に援助してきた。ＤＡＲＰＡは、ソ連の最初の人工衛星スプートニクの突然の打ち上げに対するアメリカ側の対抗策として、一九五八年にドゥワイト・Ｄ・アイゼンハワー大統領によって設立された。ＤＡＲＰＡはその短い歴史の中で、インターネット、非常に高性能の暗視ゴーグル、レーダー回避のステルス航空機などの開発に成功した。ＤＡＲＰＡの使命は、「基礎的な発見とその軍事利用の間を橋渡しする画期的で見返りの大きい研究に出資して、アメリカ軍の技術的優位を維持し、技術的な驚異によって国家の安全が脅かされるのを防ぐこと」である。[11]

二〇〇二年にＤＡＲＰＡに援助されたブルックリンのニューヨーク州立大学の科学者たちは、大脳皮質の運動野に刺激電極を埋め込んだラットを指図する実験を行い、迷路内を導くことができた。[12]彼らはジョイスティックから「ロボラット」に、前進・左折・右折・停止を指示するリアルタイムの命令を出すことができた。ロボラットに刺激されたＤＡＲＰＡは、兵士の脳に直接作用させて、彼らの行動を制御し、命令系統と連絡し、兵器システムと直接結びつけることができるという未来像を描き始めた。ＤＡＲＰＡは、二一世紀の兵士は、通常ならば必要な身体的行動なしに意思疎通が直接できる装置を身に着けることになるだろうと考えている。「かなり先になるだろうが、我々は脳から脳への情報伝達ができるようになり、正常で健康な個人の能力を向上させられる」とDARPAのアラン・ルドルフは言う。DARPAは、脳の電気回路に直接作用させて脳の機能に影響を与えることを目標とした研究にも携わっている。軍事機関から資金援助を受けるこのような脳との双方向作用の研究は、マインドコントロールの恐ろしいイメージを呼び起こしている。

〔胚性〕幹細胞研究やヒトのクローニングと同様に、この種の研究は常に公衆に広く受け入れられるとは限らない。ブレギンも言うように、本人が知ると知らざるとに拘らず、外部から行動を仕組まれたり制御されたりする兵士や官僚を作り出すことが、じきに可能になるという意見がある。脳への埋め込みは、その人間に不正な、危険な、あるいは違法な行為を犯すように強いるために利用されることがあるのだろうか。このような考えは『クライシス・オブ・アメリカ』や『マトリックス』などのSFや人気映画の中でだけのことだと思われるかもしれないが、脳の謎が解かれていけばどんなことでも可能になる。情報公開し、倫理的な指導の下に研究を進めることが肝心である。それでも脳と機械の連結が将来もたらす恩恵は非常に大きい。てんかん、麻痺、慢性痛、さらには盲目など、我々を苦しめている難治性の辛い神経疾患の一部に、治療法が見つかるのではないかとの望みを与えてくれるのだ。

二〇〇一年七月三日の午後一〇時、マシュー・ネーゲルはマサチューセッツ州のウェイマスの小さな町ニューイングランドのウェサガセットビーチで、町の主催する恒例の花火を眺めていた。突然けんかが始まった。二一歳、体重八八キロ、以前アメフトのラインバッカーで鳴らした(ウェーマス高校ではタックルの記録保持者でもあった)ネーゲルは、巻き込まれた友人を助けようと、乱闘の渦中へ分け入った。ナイフがどうだとか誰かが叫んでいるのを聞いたのを最後にネーゲルの記憶は途切れた。上部脊椎を八インチの湾曲したナイフで刺されて、地面にどうと倒れたのだ。救急車が来た時には心臓は動いていなかったが、救急救命士が蘇生させた。[14]

ネーゲルは一命を取り留めたが、脳と体をつなぐ神経組織である脊髄が切断されてしまった。刺されてから三年の間、数ヵ所のリハビリセンターに入院したが、首から下は麻痺したままで、呼吸すら人工呼吸器に頼らなければならなかった。ネーゲルは完全に意識があり、顔を動かすことはできたが、体の他の部分の感覚はなかった。残念ながら現在では彼の症状の治療法はない。ニューロンは再生せず、かつてつながっていた神経繊維の周囲にやがて瘢痕が生じ、症状改善の可能性をさらに減じる。

ネーゲルは襲撃されたのち、ウェイマスの両親の家へ戻った。マサチューセッツ州ケンブリッジの警察の殺人担当刑事だった父は休職し、母は大学院を退学して彼の介護をした。しかし彼らの努力にもかかわらず、ネーゲルはひどく落ち込み、しばしば自殺を考えた。再び動けるようにはならないだろうと医者は宣告した。

現在のところこのような損傷を治療する効果的な手術や薬品はない。リハビリテーションで見込まれる効果はわずかで、それも部分的な損傷の患者に限られる。アメリカだけで二万五千人を上回る脊髄損傷の犠牲者が、終身、コントロールもきかず感覚もない体に閉じ込められている。[15]

サイバーカイネティックス社の名刺には「思考を行動に」と書かれている。ありふれた標語に聞こえるかもしれないが、ブラウン大学の神経科学の教授ジョン・ドノヒューが二〇〇一年に設立したこのバイオ企業は、この言葉を文字通りの意味に解釈している。マサチューセッツ州フォクスバロに本社を置くこの会社は、最初は神経シグナルを検出し解釈する仕事をしていたドノヒュー研究室のメンバーが主体だった。二〇〇二年にサイバーカイネティックス社は神経記録機器のメーカーであるバイオニックテクノロジー社と合併し、この新会社はじきに、人間の脳に電極アレイを埋め込むことのできる最初の脳－機械連結技術を開発し始めた。

埋め込むのは正方形に配列した一二五本の電極で、サイズは小児用アスピリンくらいで、釘状のピンが多数突き出した板のようなものだ。この装置は頭蓋骨の内側の大脳皮質の運動野（体の動きに関わる部分）に外科手術で埋め込まれ、何百個もの個々の脳細胞の電気的活動を同時にモニターできる。頭の表面には小さな接続端子が見えるだけだ。脳内の電極が脳のおしゃべりを聞きつけると、複雑なコンピューターのアルゴリズムが神経の発火パターンを即座に翻訳し、意図を解読する。たとえば運動野のニューロンは、腕を上下に動かすのに特定の順序で発火する。コンピューターはこれらのパターンを解読すると、付属したロボット装置に、腕を動かす意思を実行するように命令できる。つまり、脳からの情報を脊髄や筋肉を通さずに伝えるのだ。

二〇〇四年にマシュー・ネーゲルは、ブレインゲイトとよばれる埋め込み装置の最初の被験者となった。彼はこの新しい技術のことを病院で耳にし、母親がサイバーカイネティックス社に連絡を取った。「僕自身がこの研究によって救われないとしても、少なくとも他の誰かを助けることにはなる」とネーゲルは言う。二〇〇四年六月二二日、六時間に及ぶ手術によって電極アレイはネーゲルの運動野に挿入された。五ヵ月後、ネーゲルの頭痛が治まり、傷が治ったのち、実験が始まった。彼は多くの実験に携わった。暗くした部屋に座ってコンピューター画面を見つめ、円やジグザグ模様を描いて動き回る赤い点を目で追うように指示された。彼の後ろにはサイバーカイネティックス社の研究者が座り、その周りをネーゲルの視野には入らないコンピューターのスクリーンの列が取り巻いていた。研究者はある一つの画面上で同じ赤い点の動きを見つめていたが、赤い点の後を大雑把に追う緑色の点も見ていた。ネーゲルには見えない緑色の点は、彼の意思によって直接コントロールされていた。赤い点が左へ動くと、ネーゲルは体をそちらへ向けようとした。コンピューターは彼の脳細胞の活動を分析し、意図した動作を緑色の点の動きに変えていたのだ。数週間後には、ネーゲルは「手ではなく」自分の思考でコンピューターゲームの「テトリス」ができるまでに進歩した。じきに彼は他のゲームに進むことを望んだ。サイバーカイネティックス社はネーゲルの望みに応じてソフトウエアを製作しているが、究極の目標は、自分自身の意志で動くことのできなくなった人々が人工装具をコントロールできるところまで機能を高めた、脳－機械連結装置を開発することである。

ネーゲルに対して行われたような電極による記録実験は興味深く、この種の研究に素晴らしい可能性があることを垣間見せてくれる。しかし単純な動きだけでなく、犠牲者らの自立を可能にするまでにはまだ長い道のりがある。埋め込み装置には、複雑な動きを行うための適切な情報を得るだけの十分な数の脳細胞を直接モニターすることができないという、致命的な限界がある。腕や脚の単純な動きでさえ、数百万の脳細胞が一体となって働く協調した活動を必要とする。コップに手を伸ばすというあまり難しくない過程を考えよう。行動の前には、脳は筋肉に対する命令の順番のリストを作る。次にこのリストは脊髄に伝えられ、そこで運動神経が適切な筋肉を順番に活性化する。この過程の間に、筋肉の受容体からのフィードバックが状況を脳と脊髄に知らせ、必要であれば動きを修正する。

マシュー・ネーゲルの場合、脳は筋肉を動かす命令を発するが、この命令は決して脊髄や筋肉には伝わらない。科学者たちは信号に損傷を迂回させるために、数十億もある脳細胞の中にある運動の命令を出す特定の脳細胞の活動を記録しなければならないし、次に、高速で発射される機関銃のように響くニューロンの電気的おしゃべりを、筋肉への意味のある命令に翻訳する必要がある。この段階でやっと、意図された動きを行うようにロボットアームを指図するプログラムをコンピューターに組むことができる。

動きを記述するには、大きなまとまりとしてではなく、個々のニューロンの活動を記録する必要がある。単一のニューロンの電気的活動を直接モニターするには、髪の毛の半分の細さの絶縁された針金を脳内の適切な位置に置かなければならない。これらの電極は、露出した先端と接触するニューロンの電気的活動を検出する。これらの針金は細いとはいえ各ニューロンよりも数百倍も太い。まるでビル解体用の鉄球くらいの大きさのマイクを混雑した超高層ビルの中へ落として、五階にいる一人の人物が何を言っているかを聞くようなもので、電極の埋め込みの間に、記録される細胞よりもはるかに多くの細胞が損傷を受けるのだ。ニューロンが傷つくと、周囲の組織が反応して瘢痕組織内へ電極を取り込んで、ついには働きを封じてしまう。したがって多数のニューロンの活動を記録しようとすると、ジレンマを抱えてしまうのだ。人間の大脳皮質のニューロンは密に詰め込まれており、ピンの頭ほどの領域に数万個が群がっている。各ニューロンから記録を取れるほど細い針金を作ることはできないし、特定の領域内への針金の数を増やせばそこにある細胞をますます多く傷つけてしまう。ある閾値を超えると、針金を追加すればするほど得られる情報は減ることになる。脳‐機械連結装置の開発は、意図する動きを解釈するに足る数の脳細胞をモニターすることが不可能なために足踏みしている。サイバーカイネティックス社の創立者の一人であるミハイル・シャピロは、「電極で大規模かつ高解像度の映像を得ることは非常に困難になるだろう」と考えており、将来は「光学的なものに変更する必要が出てくるだろう」と言う[16]。

いよいよ蛍光タンパクの話に入ろう【口絵18】。

一九九七年、カリフォルニア大学バークレー校の神経生物学の教授エフード・イサコフと大学院生ミカ・シーゲルは、カリウムイオンチャンネルの働く仕組みを解明したいと思っていた。ニューロンが電気的に活動すると、わずかな構造変化が起こってチャンネルが開き、カリウムが細胞から放出される。彼らはカリウムチャンネルの形態変化を調べるために、（チャンネルタンパクの遺伝子に）緑色蛍光タンパクの配列を挿入してそれらを光らせることにした。細胞に導入されたこの新たな光るカリウムチャンネルは、予期しない性質を示した。細胞の膜電位が変わると、蛍光強度が変わったのだ[17]。この現象は奇妙だった。というのは、蛍光タンパクが研究手段として普及した第一の理由は、その確実な安定性にあったのだ。蛍光が変化する理由はまだはっきり説明がついていないが、イサコフとシーゲルは自分たちが重要な発見をしたと思った。彼らは細胞の膜電位の変化を光学的な信号に変換するプローブ（探査用の物質）を、思いがけず見出したのだ。

シーゲルとイサコフのプローブは神経科学界を興奮させたが、結局のところ、ニューロンには利用できないことが明らかになった。第一に、細胞の電位変化と蛍光の変化の間に時間的遅れがあること、また、サイズが大きいカエルの卵ではうまくいくが、はるかに小さい脳細胞ではうまくいかないことがその理由だった。

筆者（ピエリボン）はシーゲルとイサコフの研究に刺激され、エール大学医学部で新たなプローブの開発を始めた。ほとんどの神経生物学者と同様に、ピエリボンも電極を使って細胞の活動を研究した。彼は脳細胞の電気的活動の研究に使われる方法が、およそ五〇年前の開始以来進歩していないことにイライラしていた。神経生理学は分子生物学革命の恩恵を受けていない数少ない科学分野の一つなのだ。

ピエリボンは生理学者としても分子生物学者としても訓練を積んでいたので、脳のおしゃべりが思考や行動を生み出す仕組みを研究するもっとよい方法を探した。四年間の研究ののち、彼と研究室の大学院生アタカ・カズトは、二〇〇二年に第二の蛍光プローブを公表した。[18]彼らはシーゲルとイサコフのものより百倍も速く膜電位変化に応答する、電位感受性蛍光イオンチャンネルを作り出した。しかし最初のプローブと同じく、ニューロンでは機能しない。ピエリボンとイサコフはさまざまな科学者のグループとチームを組んで、さらに有用なプローブの開発に取り組んでいる。

電気的活動の変化に応答し、また生きた脳内で機能する蛍光プローブが作り出されるのは時間の問題である。この技術は脳の働きを邪魔せずに研究する方法となるのだから、その利益は途方もなく大きい。この光るプローブでニューロンの特定の小集団だけを標識できるので、単一のニューロンの発火を記録することができる。このようにして、何百、何千、いや、何百万ものニューロンの活動を同時に、脳組織を傷つけずに記録することができる。この固有の光学パターンは、脳－機械連結装置を進歩させるだろう。

将来は、麻痺をもつ人の頭皮の下に置いた小さなカメラが脳－機械連結装置となるかもしれない。このカメラは脳の表面の蛍光を発するニューロンを撮影し、蛍光強度の変化を記録することになるだろう。その領域内のさまざまな細胞から、個々のニューロンの活動電位（スパイク）を蛍光シグナル変化として集め、この情報を高性能のコンピューターに送る。運動しているときに、同時に起きる活動と発火の関係を細胞間で比較する。たとえば被験者にコップに手を伸ばすように指示しておいて、この動作をさせるためにニューロンがどのように発火するかを記録する。識別する動きが多岐にわたるほど、多数の細胞の記録を取らなければならない。そして、さまざまな動作を指図するニューロン活動の複雑なパターンを解釈できるアルゴリズムを開発する。このようなアルゴリズムを生み出すには、一見ランダムなニューロン活性を解釈して運動の命令を作る方法をコンピューターが習得する訓練期間が必要だ。これらの命令はその動作を行うためにロボットアームに向けられるか、あるいはいつの日かは、それぞれ決まった取り合わせの筋肉を電気的に刺激して体の動きを生み出せる、筋肉組織中の電極に向けられるようになるだろう。

脊髄に損傷を受けて脳から体の筋肉組織中の標的への連絡が絶たれた人々は、このようにして、コンピューター接続装置をとおして再接続できる。そのような接続技術には、脳表面の蛍光画像を毎秒数百から数千枚処理し、迅速にリアルタイムで応答して、正しく出力できる高速コンピューターが必要だ。個々のニューロンに隣接して電極を埋め込んでつぶやきを聞く代わりに、この接続装置はつぶやきを遠くからモニターできるような、目に見える信号に変える。蛍光タンパク〔の色〕がスペクトルの赤色側へ移るに従って、シグナルが脳を透過できる距離は長くなる。この過程が改良されれば、手術で埋め込まれる電極は使われなくなり、モニターできるニューロンの数はネーゲルの場合の一二五個から数百万個へと飛躍するだろう。ネーゲルのような脳―機械の電気的な研究が成功したことから考えて、解像度が一万倍進歩するとどれだけ素晴らしいことがもたらされるか想像できよう。

そのような脳の像はどんな風に見えるだろうか？　マウスの嗅球の最近の研究がそれを垣間見せてくれる。スローン・ケッタリング記念がん研究所のゲロ・ミーゼンボックとジェイムズ・ロスマンは蛍光も変化させるハイブリッド蛍光タンパクを作り出した[19]。しかしこれは電位変化を知らせるのではなく、シナプス小胞が〔細胞膜と〕融合して神経伝達物質を放出する時に輝度を変える。そこで研究者らはこのハイブリッド蛍光タンパクをマウスの個々の嗅覚ニューロンに導入した。現在では、別々の匂いによって鼻の中の異なるニューロンが活性化されるのがリアルタイムで見られる【口絵19】。今や躍動的な生きた脳の活動は、光に変換され、誰でも見ることができるようになった。

カハールはかつて「進化の過程での無数の改良によって、生物は無類の複雑さと素晴らしい機能を手に入れた。それこそが神経系で、動物界で最も高度に組織化された構造を持つものだ」と書いた[20]。今我々はこの神経系の中で蛍光タンパクを使う。人間の存在の最大の謎、すなわち我々の意識の解明に向けて、内部を見極めるために。蛍光タンパクはもともとは海の生物から取り出されたものだが、数百万年ものあいだ存在し進化してきたさまざまな生物の生産物なのだ。科学者たちはこの生物学的多様性の宝庫から、蛍光タンパクのような研究手段を探し始めたばかりだ。病気の治療、生物学上の差し迫った問題の探究、そして人間の生命の大きな謎の解明のために。二〇〇四年八月、下村脩を称えて開かれたシンポジウムで、「遠い昔、なぜ海の中からクラゲをすくい集めたのですか」と聞かれて彼が答えたように。それは、生物発光の神秘に魅せられて、どうしてもその「謎を解きたかったから[21]」。

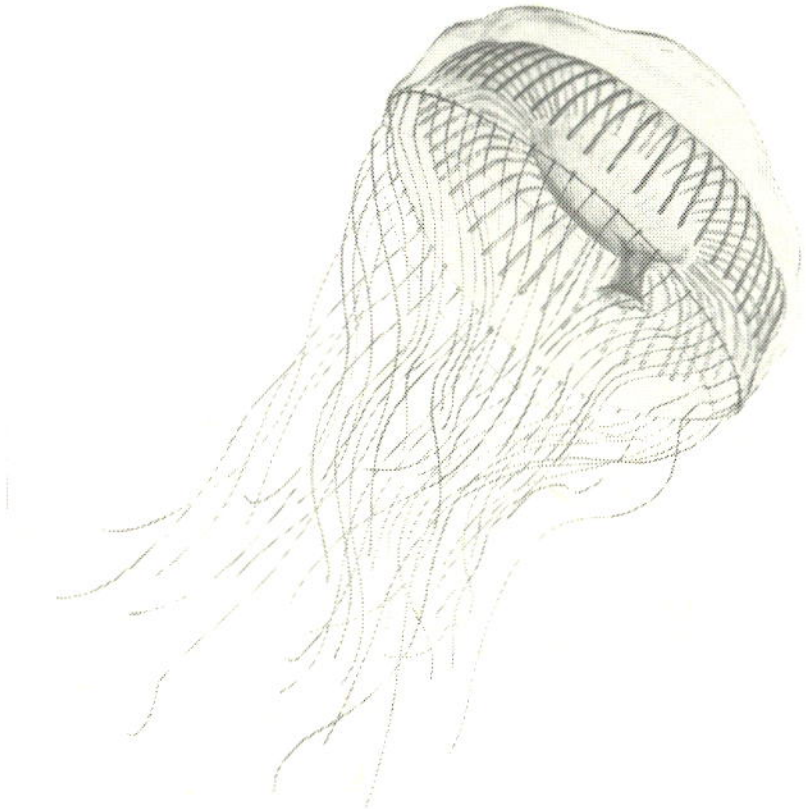

第1章　生物の発する光

1 Edith A. Widder, "Bioluminescence and the Pelagic Visual Environment", *Marine and Freshwater Behaviour and Physiology* 35 (2002): 1-26; Edmund Newton Harvey, *Living Light* (New York: Hafner Publishing Co., 1965)

2 Aristotle, *On Colours*, in *Aristotle: Minor Works*, trans. W. S. Hett (Cambridge, Mass.: Harvard University Press, 1936), p.7.

3 Aristotle, *De Sensu and De Memoria*, trans. G. R. T. Ross (Cambridge: Cambridge University Press, 1936), pp. 47, 49.

4 Pliny, *Natural History*, vol. 3, books 8-11, trans. H. Rackham, Loeb Classical Library (Cambridge: Harvard University Press, 1940), p.287

5 George Sarton, *Introduction to the History of Science*, vol.3: *Science and Learning in the Fourteenth Century*, (Baltimore: Williams & Wilkins, 1947), p.488.

6 *The Divine Comedy of Dante Alighieri*, trans. Henry F. Cary, vol. 20　(New York: P. F. Colliner, 1909), p.109.

7 J. Macartney, "Observations upon Luminous Animals", *Philosophical Transactions of the Royal Society of London* 100 (1810): 274.

8 Raphaël Dubois, "Note sur la fonction photogénique chez les Pholades", *Comptes Rendus des Séances de la de Société Biologie* (Paris) 39 (1887): 566.

9 Raphaël Dubois, "Les elaterides lumineux", *Bulletin de la Société Zoolologique de France* 11 (1886): 1-275.

10 David Cecil Smith and Angela Elizabeth Douglas, *The Biology of Symbiosis* (London: Edward Arnold, 1987), p.224.

11 John Thomas Osmond Kirk, *Light and Photosynthesis in Aquatic Ecosystems* (Cambridge: Cambridge University Press, 1983).

12 Ole Munk, "Histology of the Fusion Area between the Parasitic Male and the Female of the Deep-sea Anglerfish, *Neoceratias spinifer* Pappenheim, 1914 (Teleostei, Ceratiodei)," *Acta Zoologica* (Stockholm) 81 (2000): 315-324.

13 Stephen Jay Gould, *Hen's Teeth and Horse's Toes* (New York: W. W. Norton, 1983), p. 31. スティーヴン・ジェイ・グールド『ニワトリの歯——進化論の新地平』（上・下）、渡辺政隆ほか訳、早川書房。

14 Charles Darwin, *The Voyage of the H.M.S. Beagle* (New York: D. Appleton and Co., 1890), p. 173. チャールズ・ダーウィン『ビーグル号航海記』（上・中・下）、島地威雄訳、岩波書店。

15 Paul König, *Voyage of the Deutschland: The First Merchant Submarine* (New York: Hearst's International Library Co., 1917), p. 111.

16 Nikolai Ivanovich Tarasov, "Marine Luminescence," trans. U.S. Naval Oceanographic Office from *Svyecheniye Morya* (Moscow: USSR Academy of Sciences, 1956), p. 15.

17 Ibid., p. 20.

18 James A. Lovell and Jeffrey Kluger, *Lost Moon: The Perilous Voyage of Apollo 13* (New York: Houghton Mifflin, 1974), pp. 68-69.『アポロ13』、新潮社。

19 2005年2月20日のマーク・モリーンへのインタビュー。

20 Ocean Studies Board, Commission on Geosciences, Environment, and Resources, "Oceanography and Naval Special Warfare: Opportunities and Challenges," (Washington, D.C.: National Academy Press, 1997), p. 31.

第2章　海のホタル

1 Frank H. Johnson, "Edmund Newton Harvey, 1887-1959," *Biographical Memoirs, National Academy of Sciences USA* 39 (1967): 193.

2 Ibid., p. 195.

3 Ibid., p. 204.

4 Ibid., p. 216.

5 Ibid., p. 217.

6 Edmund Newton Harvey, "Studies on the Permeability of Cells," *Journal of Experimental Zoology* 10 (1911): 507-556.

7 Johnson, "Edmund Newton Harvey," p. 218.

8 Ibid., p. 195.

9 James Frederic Danielli and Edmund Newton Harvey, "The Tension at the Surface of Mackerel Egg Oil, with Remarks on the Nature of the Cell Surface," *Journal of Cellular and Comparative Physiology* 5 (1935): 483-494; James Frederic Danielli and Hugh Davson, "A Contribution to the Theory of Permeability of Thin Films," *Journal of Cellular and Comparative Physiology* 5 (1935): 495-508.

10 Edmund Newton Harvey, "On the Chemical Nature of the Luminous Material of the Firefly," *Science* 40 (1913): 33-34.

11 Ethel Browne Harvey, *The American Arbacia and Other Sea Urchins* (Princeton: Princeton University Press, 1965).

12 Johnson, "Edmund Newton Harvey," p. 220.

13 James G. Morin, " 'Firefleas' of the Sea: Luminescent Signaling in Marine Ostracode Crustaceans." *The Florida Entomologist* 69 (1986): 105-121.

14 Edmund Newton Harvey, *Living Light* (New York: Hafner Publishing Co., 1965), pp. 301-302.

15 Frank H. Johnson, *Luminescence, Narcosis, and Life in the Deep Sea* (New York: Vantage Press, 1988), p. 7.

16 Harvey, *Bioluminescence*, p. 301.

17 下村脩、私信。

18 H. Arthur Klein, *Bioluminescence* (Philadelphia: J. B. Lippincott Co., 1965), p. 119.

19 Frank H. Johnson, "Foreword," in Peter J. Herring, ed., *Bioluminescence in Action* (New York: Academic Press, 1978), p. viii.

20 Edmund Newton Harvey, "The Mechanism of Light Production in Animals," *Science* 44 (1916): 208-209.

21 Harvey, *Bioluminescence*, p. x.

22 Rupert S. Anderson, "The Partial Purification of *Cypridina* Luciferin," *Journal of General Physiology* 19 (1935): 301-305.

23 Harvey, *Bioluminescence*, p. 306.

24 Edmund Newton Harvey, *A History of Luminescence: From the Earliest Times until 1900* (Philadelphia: The American Philosophical Society, 1957).

25 Johnson, *Luminescence*, p. 48.

26 Ibid., p. 48.

第3章　長崎の戦火から

1 下村の日本在住時についての情報と引用は、別に記載しない限り、彼の家で2003年8月21日と12月28日に行われた二度のインタビューと、未発表の回想、*Cape Cod Times* に掲載された以下の記事による。Osamu Shimomura, "Woods Hole scientist recalls day the bomb fell on Nagasaki," *Cape Cod Times*, Aug. 6, 1995, p. G1.

2 Robert E. Haney, *Caged Dragons: An American P.O.W. in W.W. II Japan* (Ann Arbor: Momentum Books, 1991), p. 131.

3 United States Strategic Bombing Survey, "Summary Report (Pacific War)" (Washington, D.C., July 1, 1946), p. 16.

4 Jim B. Smith and Malcolm McConnell, *The Last Mission: The Secret Story of World War II's Final Battle* (New York: Broadway Books, 2002), p. 99.

5 Richard B. Frank, *Downfall: The End of the Imperial Japanese Empire* (New York: Random House, 1989), p. 285.

6 United States Strategic Bombing Survey, "Summary Report," p. 24.

7 United States Strategic Bombing Survey, "Effects of the Atomic Bomb on Hiroshima and Nagasaki," ed. William Gannon (Santa Fe, 1973), p. 11.

8 Osamu Shimomura, "Discovery of Aequorin and GFP" *Journal of Microscopy* 217 (2005): 3-15.

9 Osamu Shimomura, Toshio Goto, and Yoshimasa Hirata, "Crystalline *Cypridina* Luciferin," *Bulletin of the Chemical Society of Japan* 30 (1957): 929-933.

10 Ibid.

11 Frank H. Johnson, "Light without Heat," *Princeton Alumni Weekly*, Nov. 29, 1976.

第4章　クラゲの光の謎

1 Osamu Shimomura, "Discovery of Aequorin and GFP," retirement talk at Woods Hole Marine Biological Laboratory, Woods Hole, Mass., June 27, 2002.

2 このクラゲの正しい種名については意見の相違があり、*Aequorea aequorea*、*Aequorea forskalea*、あるいは *Aequorea victoria* と呼ばれる。下村脩、私信。

3 Shimomura, "Discovery of Aequorin and GFP."

4 Ibid.

5 The *Time* magazine cover article on Dixy Lee Ray, Dec. 12, 1977 を参照。

6 Edmund Newton Harvey, "Studies on Bioluminescence. XIII. Luminescence in the Coelenterates," *Biological Bulletin*, 41 (1921): 280-287.

7 Edmund Newton Harvey, *Bioluminescence* (New York: Academic Press, 1952).

8 Osamu Shimomura, "A Short Story of Aequorin," *Biological Bulletin* 189 (1995): 2.

9 Osamu Shimomura, "Discovery of Aequorin and GFP," lecture at the conference Calcium-regulated Photoproteins and Green Fluorescent Protein, Friday Harbor Laboratories, Wash., Aug. 29, 2004.

10 Osamu Shimomura, "Discovery of Aequorin and Green Fluorescent Protein," *Journal of Microscopy* 217 (2005): 9.

11 Shimomura, "Discovery of Aequorin and GFP," Friday Harbor lecture.

12 Osamu Shimomura, Frank H. Johnson, and Yo Saiga, "Microdetermination of Calcium by Aequorin Luminescence," *Science* 140 (1963): 1339-1440.

13 Ellis B. Ridgway and Christopher C. Ashley, "Calcium Transients in Single Muscle Fibres," *Biochemical and Biophysical Research Communications* 29: (1967): 229-234.

14 Osamu Shimomura, Frank H. Johnson, and Yo Saiga, "Extraction, Purification, and Properties of Aequorin, a Bioluminescent Protein from the Luminous Hydromedusan, *Aequorea*," *Journal of Cellular and Comparative Physiology* 59 (1962): 228.

15 D. Davenport and J. A. C. Nicol, "Luminescence in Hydromedusae," *Proceedings of the Royal Society of London* B 144 (1955): 399-411.

16 Shimomura, "Discovery of Aequorin and GFP," Woods Hole talk.

第5章　虹のかなたの光

1 Lawrence Humphry, "Notes and Recollections," in Joseph Lamor, ed., *Memoir and Scientific Correspondence of the Late Sir George Gabriel Stokes* (Cambridge: Cambridge University Press, 1907), vol. 1, p. 7.

2 George Gabriel Stokes, "On Some Cases of Fluid Motion," *Transactions of the Cambridge Philosophical Society* 8 (1843): 105-137.

3 Lord Kelvin, "The Scientific Work of Sir George Stokes" (obituary notice), *Nature* 67 (1903): 337.

4 George Gabriel Stokes, "On the Theories of the Internal Friction of Fluids in Motion and of the Equilibrium and Motion of Elastic Solids," *Transactions of the Cambridge Philosophical Society* 8 (1845): 287-347.

5 George Gabriel Stokes, "On the Effect of the Internal Friction of Fluids on the Motion of Pendulums," *Transactions of the Cambridge Philosophical Society* 9 (1850): 8.

6 George Gabriel Stokes, "On the Change of the Refrangibility of Light," *Philosophical Transactions and Mathematical and Physical Papers* 3 (1852): 259.

7 George Gabriel Stokes, "Dynamical Theory of Diffraction," *Transactions of the Cambridge Philosophical Society* 2 (1849): 243-328.

8 Lord Kelvin, "The Scientific Work of Sir George Stokes," p. 337.

9 George Gabriel Stokes, "A Discovery," in Lamor, ed., *Memoir and Scientific Correspondence of the Late Sir George Gabriel Stokes*, vol. 1, p. 9.

10 Stokes, "On the Change of the Refrangibility of Light."

11 Sir Isaac Newton, *Opticks; or, A Treatise of the Reflections, Refractions, Inflections & Colours of Light* (London: Printers to the Royal Society, 1704).

12 Hugh O. McDevitt, "Albert Hewett Coons, June 28, 1912-September 30, 1978," *Biographical Memoirs, National Academy of Sciences* 69 (1996): 27-36.

第6章　分子生物学の曙

1 James D. Watson and Francis H. C. Crick, "Molecular Structure of Nucleic Acids: A Structure for Deoxyribose Nucleic Acid" *Nature* 171 (1953): 737- 738.

2 Osamu Shimomura, "Discovery of Aequorin and Green Fluorescent Protein," *Journal of Microscopy* 217 (2005): 11.

3 David Baltimore, "RNA-dependent DNA Polymerase in Virions of RNA Tumour Viruses," *Nature* 226 (1970): 1209-1211; Howard Martin Temin and Satoshi Mizutani, "RNA-dependent DNA Polymerase in Virions of Rous Sarcoma Virus," *Nature* 226 (1970): 1211-1213.

4 2004年1月17日、メリーランド州ベルツヴィルの国立植物遺伝資源管理センター (National Plant Germplasm Quarantine Center)、動植物健康検査サービス (Animal Plant Health Inspection Service) でのダグラ

ス・プラシャーへのインタビュー。以下、プラシャーについての引用は、別に記載しない限り本インタビューによる。

5 Douglas Prasher, Richard O. McCann, and Milton J. Cormier, "Cloning and Expression of the cDNA Coding for Aequorin, a Bioluminescent Calcium-binding Protein," *Biochemical and Biophysical Research Communications* 126 (1985): 1259-1268.

6 John Blinks, GFP meeting, Friday Harbor, Washington, Aug. 2004.

7 James G. Morin and J. Woodland Hastings, "Energy Transfer in a Bioluminescent System," *Journal of Cell Physiology* 77 (1971): 313-318; J. Woodland Hastings and James G. Morin, "Calcium-triggered Light Emission in *Renilla*: A Unitary Biochemical Scheme for Coelenterate Bioluminescence," *Biochemical and Biophysical Research Communications 37* (1969): 493-498.

8 H. Morise, Osamu Shimomura, Frank H. Johnson, and J. Winant, "Intermolecular Energy Transfer in Bioluminescent System of *Aequorea*," *Biochemistry* 13 (1974): 2656-2662; Osamu Shimomura, "Structure of the Chromophore of *Aequorea* Green Fluorescent Protein," *FEBS Letters* 104 (1979): 220-222.

9 William W. Ward, "Purification and Characterization of the Calcium-activated Photoproteins from the Bioluminescent Ctenophores, *Mnemiopsis* sp. and *Beroe ovata*" (Ph.D. diss., The Johns Hopkins University, 1974).

10 William W. Ward and Milton J. Cormier, "An Energy Transfer Protein in Coelenterate Bioluminescence: Characterization of the *Renilla* Green Fluorescent protein (GFP)," *Journal of Biological Chemistry* 254 (1979): 781-788.

11 Osamu Shimomura, "Discovery of Aequorin and GFP," retirement talk at Woods Hole, Mass., June 27,

2002.

12 William W. Ward, C. W. Cody, Russell C. Hart, and Milton J. Cormier, "Spectrophotomeric Identity of the Energy Transfer Chromophores in *Renilla* and *Aequorea* Green Fluorescent Proteins," *Photochemistry and Photobiology* 31 (1980): 611-615.

第7章　光る線虫

1 Bob Edgar, "A Scientific Kokopelli," *Science* 294 (2001): 2103. この記事にはコールド・スプリング・ハーバーでの細菌遺伝学コース終了後のパーティーについても記載がある。

2 Sydney Brenner, as told to Lewis Wolpert, *Sydney Brenner: A Life in Science* (London: BioMed Central, 2001), p. 5.『エレガンスに魅せられて――シドニー・ブレナー自伝　ルイス・ウォルパートに語る』丸田浩ほか訳、琉球新報社。

3 Herbert George Wells, Julian S. Huxley, and George Philip Wells, *The Science of Life* (London: Cassell, 1931). ハーバード・G・ウェルズほか『生命の科学』小野俊一ほか訳、平凡社。

4 Brenner, *A Life in Science*, p. 6.

5 Sydney Brenner, "Autobiography," in *Les Prix Nobel, The Nobel Prizes, 2002*, ed. Tore Frängsmyr (Stockholm: Nobel Foundation, 2003), p. 270.

6 Ibid., p. 271.

7 Brenner, *A Life in Science*, p. 63.

8 Sydney Brenner, "Excerpts from Proposal to the Medical Research Council, October, 1963," In *The Nematode "Caenorhabditis elegans,"* ed. William B. Wood and the community of *C. elegans* researchers (Cold Spring Harbor: Cold Spring Harbor Laboratory Press, 1988), p. xii.

9 Sydney Brenner, Nobel lecture, "Nature's Gift to Science," in *Les Prix Nobel, The Nobel Prizes, 2002*, ed. Tore Frängsmyr (Stockholm: Nobel Foundation, 2003), p. 281.

10 Brenner, *A Life in Science*, p. 134.

11 Andrew Brown, *In the Beginning Was the Worm: Finding the Secrets of Life in a Tiny Hermaphrodite* (New York: Columbia University Press, 2003), p. 97. アンドリュー・ブラウン『はじめに線虫ありき――そしてゲノム研究が始まった』、長野敬ほか訳、青土社。

12 John Sulston, "Autobiography," in *Les Prix Nobel, The Nobel Prizes, 2002*, ed. Tore Frängsmyr (Stockholm: Nobel Foundation, 2003), p. 357.

13 H. Robert Horvitz, "Autobiography," in *Les Prix Nobel, The Nobel Prizes*, 2002, ed. Tore Frängsmyr (Stockholm: Nobel Foundation, 2003), p. 307.

14 『ザ・ワーム・ブリーダーズ・ガゼット』(*The Worm Breeder's Gazette*)は1975年12月から2003年5月まで刊行された。すべてオンラインで見ることができる：http://elegans.imbb.forth.gr/wli/

15 Bob Edgar, "The Shipping and Handling of Nematodes," *The Worm Breeder's Gazette* 1 (1975): 7.

16 John E. Sulston and H. Robert Horvitz, "Post-embryonic Cell Lineages of the Nematode, *Caenorhabditis elegans," Developmental Biology* 56 (1977): 110-156.

17 マーティン・チャルフィーへの2004年4月4日のインタビュー。以下、チャルフィーについての引用は、別に記載しない限り本インタビューによる。

18 ２００４年１月17日、メリーランド州ベルツヴィルの国立植物遺伝資源管理センター、動植物健康検査サービスでのダグラス・プラシャーへのインタビュー。以下、プラシャーについての引用は、別に記載しない限り本インタビューによる。

19 Douglas C. Prasher, Virginia K. Eckernrode, William W. Ward, Frank G. Prendergast, and Milton J. Cormier, "Primary Structure of the *Aequorea victoria* Green Fluorescent Protein," *Gene* 111 (1992): 229-233.

20 Marty Chalfie, Yuan Tu, and Douglas Prasher, "Glow Worms: A New Method of Looking at *C. elegans* Gene Expression," *The Worm Breeder's Gazette*, 13 (1993): 19.

21 Martin Chalfie, Yuan Tu, Ghia Euskirchen, William W. Ward, and Douglas C. Prasher, "Green Fluorescent Protein as a Marker for Gene Expression," *Science*, 263 (1994): 802-805.

第８章　蛍光スパイの開発

1 Roger Tsien, "Unlocking Cell Secrets with Light Beams and Molecular Spies, "Heineken Lecture, Sept. 23, 2002, Amsterdam, The Netherlands.

2 Ibid.

3 Oded Tour, René M. Meijer, David A. Zacharias, Stephen R. Adams, and Roger Y. Tsien, "Genetically Targeted Chromophore-assisted Light Inactivation," *Nature Biotechnology* 21 (2003): 1505-1508.

4 ロジャー・チエンへの２００４年１月５日のインタビュー。以下、チエンの言葉の引用と、彼についての情報は、別に記載しない限り本インタビューによる。

5 Grzegorz Grynkiewicz, Martin Poenie, and Roger Y. Tsien, "A New Generation of Ca^{2+} Indicators with Greatly Improved Fluorescence Properties, "*Journal of Biological Chemistry* 260 (1985): 3440-3450.

6 Douglas C. Prasher, V. K. Eckenrode, William W. Ward, Frank G. Prendergast, and Milton J. Cormier, "Primary Structure of the *Aequorea victoria* Greenfluorescent Protein," *Gene* 111 (1992): 229-233.

7 Satoshi Inouye and Frederick I. Tsuji, "*Aequorea* Green Fluorescent Protein: Expression of the Gene and Fluorescence Characteristics of the Recombinant Protein," *FEBS Letters* 341 (1994): 277-280.

8 Roger Heim, Douglas C. Prasher, and Roger Y. Tsien, "Wavelength Mutations and Post-translational Autooxidation of Green Fluorescent Protein," *Proceedings of the National Academy of Sciences* 91 (1994): 12501-12504.

9 Roger Heim, Andrew B. Cubitt, and Roger Y. Tsien, "Improved Green Fluorescence," *Nature* 373 (1995): 663-664.

10 U.S. patents 5,625,048, 5,777,079, 6,066,476, and 6,319,669 issued April 29, 1997, July 7, 1998, May 23, 2000, and Nov. 20, 2001 (respectively) to Tsien and Heim for Modified Green Fluorescent Proteins.

11 Hiroshi Morise, Osamu Shimomura, Frank H. Johnson, and J. Winant, "Intermolecular Energy Transfer in the Bioluminescent System of *Aequorea*," *Bio-chemistry* 13 (1974): 2656-2662.

12 Mats Ormö, Andrew B. Cubitt, Karen Kallio, Larry A. Gross, Roger Y. Tsien, and S. James Remington, "Crystal Structure of the *Aequorea victoria* Green Fluorescent Protein," *Science* 273 (1996): 1392-1395.

13 Ibid.

14 アンドルー・キュービットへの２００４年１月４日のインタビュー。

15 ポール・ブレームへの２００４年５月７日のインタビュー。

16 Trisha Gura, "Jellyfish Proteins Light Up Cells," *Science* 276 (1971): 189.

17 James G. Morin and J. Woodland Hastings, "Energy Transfer in a Bioluminescent System," *Journal of Cell Physiology* 77 (1971): 313-318.

18 Atsushi Miyawaki, Juan Llopis, Roger Heim, J. Michael McCaffery, Joseph A. Adams, Mitsuhiko Ikura, and Roger Y. Tsien, "Fluorescent Indicators for Ca^{2+} Based on Green Fluorescent Proteins and Calmodulin," *Nature* 388 (1997): 882-887.

19 Franck Mazyoer, "Le sacre des mutants," *Le Monde Diplomatique*, Jan. 2004, p. 28.

第9章　バラ色の夜明け

1 セルゲイ・ルクヤノフへの2004年3月22日のインタビュー。以下、ルクヤノフの言葉の引用と彼についての情報は、別に記載しない限り、すべて本インタビューによる。

2 Sergey Lukyanov, "Cloning of a Novel Xenopus Homeobox Gene XANF-1 by Subtractive Hydridization" (Ph.D. diss., Moscow State University, 1985).

3 ミハイル・マッツへの2004年3月22日のインタビュー。以下、マッツの言葉の引用と彼についての情報は、別に記載しない限り、すべてこのインタビューによる。

4 ユーリー・ラバスへの2004年3月22日のインタビュー。以下、ラバスの言葉の引用と彼についての情報は、別に記載しない限り、すべてこのインタビューによる。

5 『モスクワ・ニュース』に掲載されたプーシキン美術館館長イリーナ・アントノワの意見。*The Moscow News*:

http://www.mn.ru〔該当記事は既に削除されている〕.

6 James G. Morin and J. Woodland Hastings, "Energy Transfer in a Bioluminescent System," *Journal of Cellular Physiology* 77 (1971): 313-318.

7 アンドレイ・ロマンコへの2004年3月22日のインタビュー。以下、ロマンコの言葉の引用と彼についての情報は、別に記載しない限り、すべてこのインタビューによる。

8 アルカディー・フラトコフへの2004年3月22日のインタビュー。以下、フラトコフの言葉の引用と彼についての情報は、別に記載しない限り、すべてこのインタビューによる。

9 Mikhail V. Matz, Arkady E Fradkov, Yulii A. Labas, Aleksandr P. Savitsky, Andrey C. Zaraisky, Mikhail L. Markelov, and Sergey A. Lukyanov, "Fluorescent Proteins from Nonbioluminescent Anthozoa Species," *Nature Biotechnology* 17 (1999): 969-973; Roger Y. Tsien, "Rosy Dawn for Fluorescent Proteins," *Nature Biotechnology* 17 (1999): 956-957.

10 ロジャー・チエンへの2004年1月5日のインタビュー。

11 C. E. S Phillips, "Fluorescence of Sea Anemones," *Nature* 119 (1927): 747.

12 Siro Kawaguti, "On the Physiology of Reef Corals. VI. Study on the Pigments," *Palao Tropical Biological Station Contributions* 2 (1944): 617-674.

13 René Catala-Stucki, *Carnival under the Sea* (Paris: R. Sicard, 1964), p. 4.

14 Charles H. Mazel, "Spectral Measurements of Fluorescence Emission in Caribbean Cnidarians," *Marine Ecological Progress Series* 120 (1995): 185.

15 Sophie G. Dove, M. Takabayashi, and Ove Hoegh-Guldberg, "Isolation and Partial Characterization of the Pink and Blue Pigments of Pocilloporid and Acroporid Corals," *Biological Bulletin* 189 (1995): 288-297.

16 Dmitry A. Shagin, Ekaterina V. Barsova, Yurii G. Yanushevich, Arkady F. Fradkov, Konstantin A. Lukyanov, Yulii A. Labas, Tatiana N. Semenova, Juan A. Ugalde, Ann Meyers, Jose M. Nunez, Edith A. Widder, Sergey A. Lukyanov, and Mikhail V. Matz, "GFP-like Proteins as Ubiquitous Metazoan Super-family: Evolution of Functional Features and Structural Complexity," *Molecular Biology and Evolution* 21 (2004) 841-850.

第10章　きらめくサンゴ礁

1 Internet Movie Database Inc., www.imdb.com/boxoffice/alltimegross. ２００５年４月11日時点でのデータ。

2 Clive Wilkinson, ed., *Status of Coral Reefs of the World*: 2004 (Townsville: Australian Institute of Marine Science, 2004), p. 37.

3 "Flushing Nemo," *Harper's Magazine*, Oct. 1, 2003, p. 20.

4 Jörg Wiedenmann, Andreas Schenk, Carlheinz Röcker, Andreas Girod, Klaus-Diete Spindler, and G. Ulrich Nienhaus, "A Far-red Fluorescent Protein with Fast Maturation and Reduced Oligomerization Tendency from *Entacmaea quadricolor* (Anthozoa, Actinaria)," *Proceedings of the National Academy of Sciences USA* 99 (2002): 11646-11651.

5 Robert F. Campbell, Oded Tour, Amy E. Palmer, Paul A. Steinbach, Geoffrey S. Baird, David A. Zacharias, and Roger Y. Tsien, "A Monomeric Red Fluorescent Protein," *Proceedings of the National Academy of Sciences USA* 99 (2002): 7877-7882.

6 Marjorie L. Reaka-Kudla, "The Global Biodiversity of Coral Reefs: A Comparison with Rain Forests," in *Biodiversity II: Understanding and Protecting Our Biological Resources*, ed. Marjorie L. Reaka-Kudla, Don E. Wilson, and Edward O. Wilson (Washington, D.C. : Joseph Henry Press, 1997), pp. 83-108.

7 René L. A. Catala-Stucki, *Carnival under the Sea* (Paris: R. Sicard, 1964), p. 18.

8 Alfred H. Woodcock, "Note Concerning Human Respiratory Irritations Associated with High Concentrations of Plankton and Mass Mortality of Marine Organisms," *Journal of Marine Research* 7 (1948): 56-62.

9 "The Chemical Weapons Convention Declaration and Report Handbook, Jan. 2004"; Available at: www.cwc.gov.

10 Dietrich Schlichter and Hans W. Fricke, "Coral Host Improves Photosynthesis of Endosymbiotic Algae," *Naturwissenschaften* 77 (1990): 447-450 を参照。

11 Siro Kawaguti, "Effect of the Green Fluorescent Pigment on the Productivity of Reef Corals," *Micronesia* 5 (1969): 313; A. Salih, A. Larkum, G. Cox, M. Kuhl, and Ove Hoegh-Guldberg, "Fluorescent Pigments in Corals Are Photoprotective," *Nature* 408 (2000): 850-853; Sophie Dove, Ove Hoegh-Guldberg, and Shoba Ranganathan, "Major Colour Patterns of Reef-Building Corals Are Due to a Family of CFP-like Proteins," *Coral Reefs* 19 (2001): 197-204.

12 Ray Berkelmans, Glenn De'ath, Stuart Kininmonth, and William J. Skirving," A Comparison of the 1998 and 2002 Coral Bleaching Events on the Great Barrier Reef: Spatial Correlation, Patterns, and Predictions," *Coral Reefs* 23 (2004): 74-83.

13 David R. Bellwood, Terence P. Hughes, Carl Folke, and Magnus Nyström, "Confronting the Coral Reef

Crisis," *Nature* 429 (2004): 827-833.

14 Terence P. Hughes, Andrew H. Baird, David R. Bellwood, M. Card, Sean R. Connolly, Carl Folke, Rick Grosberg, Ove Hoegh-Guldberg, Jeremy B. C. Jackson, Joan Kleypas, Janice M. Lough, Paul Marshall, Magnus Nyström, Steve R. Palumbi, John M. Pandolfi, Brian Rosen, and Joan Roughgarden, "Climate Change, Human Impacts, and the Resilience of Coral Reefs, *Science* 301 (2003): 929-933.

15 D. Bryant, L. Burke, J. McManus, and M. Spalding, *Reefs at Risk: A Map-Based Indicator of Potential Threats to the World's Coral Reefs* (Washington, D.C.: World Resources Institute, 1998).

16 N. V. C. Poluninand, C. M. Roberts, ed., *Reef Fisheries* (London: Chapman and Hall, 1996).

17 Roger Y. Tsien, "Rosy Dawn for Fluorescent Proteins," *Nature Biotechnology* 17 (1999): 957.

第11章　脳のライトアップ

1 Stanley Finger, *Minds behind the Brain: A Discovery of the Pioneers and Their Discoveries* (New York: Oxford University Press, 2000). p. 21.

2 Ibid., p. 36.

3 *A Collection of Several Philosophical Writings of Dr. Henry Moore* (London, 1653), p. 34.

4 Nieves Fernandez and Caoimhghín S. Breathnach, "Luis Simmaro Lacabra [1851-1921]: From Golgi to Cajal through Simmaro, via Ranvier?" *Journal of the History of Neurosciences* 10 (2001): 19-26.

5 Marina Bentivoglio, "Life and Discoveries of Santiago Ramón y Cajal," Nobel website: http://nobelprize.

org/medicine/articles/cajal.

6 Santiago Ramón y Cajal, *Recollections of My Life*, trans. E. Horne Craigie and Juan Cano (Cambridge: MIT Press, 1989), p. 308. ラモン・イ・カハル『脳科学者ラモン・イ・カハル自伝――悪童から探究者へ』、小鹿原健二訳、里文出版。

7 Ibid., p. 36.

8 Ibid., p. 144.

9 Ibid., p. 325.

10 Ibid., p. 325.

11 Camillo Golgi, "The Neuron Doctrine—Theory and Facts," in *Nobel Lectures, Physiology or Medicine*, 1901-1921 (Amsterdam: Elsevier Publishing Co., 1967), p. 192.

12 Julia Tsai, Jaime Grutzendler, Karen Duff, and Wen-Biao Gan, "Fibrillary Amyloid Deposition Leads to Local Synaptic Abnormalities and Breakage in Neuronal Branches," *Nature Neuroscience* 7 (2004): 1181-1183.

13 Linda Buck and Richard Axel, "A Novel Multigene Family May Encode Odorant Receptors: A Molecular Basis for Odor Recognition," *Cell* 65 (1991): 175-187.

第12章　思考のひらめき

1 Walter Hess, 1949 Nobel Lecture, "The Central Control of the Activity of Internal Organs," in *Nobel*

Lectures in Physiology or Medicine 1942-1962 (Singapore: World Scientific, 1999), p. 250.

2 José M. R. Delgado, *Physical Control of the Mind: Toward a Psychocivilized Society* (New York: Harper & Row, 1969), p. ix.

3 雄牛についてのすべての情報は、ホセ・M・R・デルガドがフランシスコ・J・カステホン（Francisco J. Castejon）とフランシスコ・サンティステラン（Francisco Santisteran）と協力して作製した映画『獰猛な雄牛の無線による刺激』（*Radio Stimulation of Brave bulls*）から得られた。

4 John A. Osmundsen, "'Matador' with a Radio Stops Wired Bull," *New York Times*, May 17, 1965, p. A1.

5 Delgado, *Physical Control of the Mind*, p. 168.

6 José M. R. Delgado, "Permanent Implantation of Multilead Electrodes in the Brain," *Yale Journal of Biology and Medicine* 24 (1952): 351-358.

7 Delgado, *Physical Control of the Mind*, p. 137.

8 Peter R. Breggin, "The Return of Lobotomy and Psychosurgery," remarks presented by the Honorable Cornelius F. Gallagher of New Jersey in the House of Representatives, *Congressional Record*, Feb. 24, 1972, vol. 118, part 5, pp. 5567-5577.

9 Ibid., p. 5574.

10 Delgado, *Physical Control of the Mind*, pp. 222-223.

11 DARPAのウェブサイトを参照：http://www.darpa.mil.

12 Sanjiv K. Talawar, Shaohua Xu, Emerson S. Hawley, Shennan A. Weiss, Karen A. Moxon, and John K. Chapin, "Behavioural Neuroscience: Rat Navigation Guided by Remote Control," *Nature* 417 (2002): 37-38

13 Hannah Hoag, "Neuroengineering: Remote Control," *Nature* 423 (2003): 796.

14 パトリック・ネーゲルへの２００５年３月23日のインタビュー。以下、〔マシュー・〕ネーゲルの言葉の引用と彼についての情報は、別に記載しない限り、すべてこのインタビューによる。

15 Spinal Cord Injury Information Network (www.spinalcord.uab.edu).

16 ミハイル・シャピロへの２００５年３月３日のインタビュー。

17 Micah S. Siegel and Ehud Y. Isacoff, "A Genetically Encoded Optical Probe of Membrane Voltage," *Neuron* 19 (1997): 735-741.

18 Kazuto Ataka and Vincent A. Pieribone, "A Genetically Targetable Fluorescent Probe of Channel Gating with Rapid Kinetics," *Biophysical Journal* 82 (2002): 509-516.

19 Gero Miesenböck, Dino A. De Angelis, and James E. Rothman, "Visualizing Secretion and Synaptic Transmission with pH-sensitive Green Fluorescent Proteins," *Nature* 394 (1998): 192-195.

20 Santiago Ramón y Cajal, *Histology of the Nervous System of Man and Vertebrates*, vol. 1, trans. Neely Swanson and Larry W. Swanson (Oxford: Oxford University Press, 1995), p.3.

21 Osamu Shimomura, lecture entitled "Discovery of Aequorin and GFP," Aug. 29, 2004, Friday Harbor, Wash.　傍点は訳者による。

謝辞

蛍光タンパクの科学的追究と同じように、本書も共同の努力の賜物である。本書の製作に寄与してくださった多くの科学者に感謝したい。ハーバード大学出版局の Nancy Clemente には、編集者としての鋭く熟練した見方と、さらに良いものをと常に要求してくれたことに対して、また Ann Downer-Hazell には、この話を書くように勧めてくれた上、出版に漕ぎつけるまで入念に導いてくれたことに対して感謝している。ラトガース大学の海洋沿岸科学研究所の職員（特に Judy Grassle and Fred Grassle, Gary Taghon）、ジョン・B・ピアス研究所とエール大学の職員からは、支援と創造的な科学環境の提供を受け、ありがたかった。K. Buckley Gdula と Armelle Casau は、初期の段階でこの企画に興味を示し、非常に貴重な調査をしてくれた。また、内容に関わる歴史的な調査はラトガース大学とエール大学の図書館の職員の協力なしには不可能だっただろう。編集の専門的知識は Lynnora Geoghegan, Steve Ives, Alfonso Serrano, Audra Wolf に負うている。本書のおびただしい原稿に目を通して洞察力に富んだ意見を述べてくれた Andrew Berlin, Tom Bibby, K. Buckley Gdula, Alex Kahl, L.Melnik, Susan Nakley, James Park, Alex Phipps, Maria Stoian, Steve Tuorto, Julia Tsai, Bas van de Schootbrugge にも謝意を表したい。筆者二人の友人でもあり同僚でもあるDan Tchernovとの、サンゴの生態についての多面的な討論からは良い刺激を受けた。コロンビア大学大学院のジャーナリズム学の教職員と、Sig Gisslerの"Section Nine"(「第九部門」)には、しっかり朝食を摂ることと足を棒にして取材することの大切さを助言してくれたことに対して、心から感謝を述べたい。

本書で報告されている研究のほとんどは、国立衛生研究所と国立科学財団によって財政支援された。我々がオーストラリアのリザード島で蛍光タンパクの探索ができたのは、アースウォッチ協会の職員とボランティア(特にMary Blue MagruderとLotus Vermeer)のお蔭だった。そして最後にMarlaine, Edward, Lori, WyattそしてJulia, Frances, David本当に有難う。

訳者あとがき

本書は、Vincent PIERIBONE and David F. GRUBER, *Aglow in the Dark: the Revolutionary Science of Biofluorescence* の全訳である。翻訳の話が舞い込んだとき、ノーベル賞受賞者の下村博士の研究を中心に書かれた本なら面白そうだと気軽にお引き受けした。訳し始めてみると、私がワシントン州のピュージェット・サウンド（シアトルの北方にある大小の島々の浮かぶ風光明媚な海）に程近い小さな町に留学していた時期に、博士がフライデー・ハーバーでせっせとオワンクラゲをすくい集めていらしたことが分かってびっくりした。また、ちょうど訳し終えるころには博士の講演会が都内で開かれ、お目にかかっていくつかの疑問に答えていただくという幸運にも恵まれた。いろいろな巡り合わせに、何か不思議な縁を感じた。

本書はオワンクラゲの持つ緑色の蛍光タンパクＧＦＰの成長物語である。下村博士が発見し、中心部の構造を突き止めた後、プラシャー博士がＤＮＡをクローニングし、チャルフィー博士が他の生物の細胞内で発現させ、チエン博士やルクヤノフ博士らが改良や新種の発見に取り組み、種々の色合いのものが揃った。現在では生物学や医学にとって不可欠の研究用の道具となっている。分子生物学の発展期と重なったことも手伝って、多くの研究者たちの手を経るうちに、GFPはロールプレイングゲームのキャラクターのように、より強く美しくなり、多彩な能力を与えられて成長していったのだ。

本書はまた、生物の発光物質や蛍光物質にかかわった研究者たちの群像を描いたものでもある。日本、アメリカ、ロシア等々、国籍も性格も研究方針もさまざまな研究者たちが登場する。下村博士のように自然の神秘を解き明かす基礎研究こそが研究者の使命と信じて、地道な研究を積み重ねるタイプ、チエン博士のように目ざとく宝の山を見つけて応用研究に励み、特許を取り、起業するタイプ、ルクヤノフ、ラバス、マッツ博士のように我が道を行く個性豊かなタイプ、自信のない人・過剰の人、光が当たる人・当たらない人、目先の利く人・利かない人、アピールの上手な人・下手な人……。研究者も一括りにはできない。しかしどんなタイプの人も皆、素晴らしい情熱を持って研究に取り組んでいる。

偉人として取り上げられる有名な研究者で努力の人と言えば、キュリー夫人だろう。しかし待てよ、と私は思う。偉人には違いないのだが、世間一般の捉え方とは少し違う見方もできるのではなかろうか、と。というのは、やりたくない仕事を上司に命令されて無理やりやらされたのでもなければ、食べるために致し方なくやったわけでもない。恐らく、神秘の女神の厚いベールをあの手この手で一枚ずつ脱がせていって、だんだんと素顔が見えてくるという研究の魅力に取り付かれて、努力がそれほど苦しいとは思えなかったのだろう。もちろん研究はうまく行くときばかりではない。むしろうまく行かないときの方がずっと多いから、落ち込むこともあれば、もう止めようかと思うこともある。しかし新しいアイデアを思いついては、これを試せばうまく行くのではないかとワクワクドキドキし、ついに成功したときの達成感は言葉では表せない。研究者冥利に尽きるのではなかろうか。単純化が過ぎるかもしれないが、研究とは、子供がおもちゃを与えられて、夢中になって遊ぶのにも似た面を持っているように思う。謙虚なキュリー夫人のことだから、「そんなに偉くはありません。好きなことをやっただけです」と言うかもしれない……。本書に書かれている研究者らの仕事に対する情熱に接して、そんなことを想像してしまった。

下村博士がウミホタルのルシフェリンの結晶化と、オワンクラゲのイクオリンの精製に成功したとき、二度とも思いがけない幸運(セレンディピティー)に恵まれたと思われるかもしれない。しかしこれは「棚から牡丹餅」とは全く違う。労せずして巡り合った幸運ではなく、労したからこそ棚の下へ行き着けたのだ。実験の失敗を繰り返しながらも、常に考え続けているからこそ、ある時ハッと気がつき、突破口が見つかる。実験を繰り返し、考えに考えていなければ、同じことに巡り合っても、見れども見えず、聞けども聞こえずで、大事なヒントを見逃してしまう。セレンディピティーとは努力の賜物なのだ。

下村、チャルフィー、チエン博士は、二〇〇八年のノーベル化学賞に輝いたが、チャルフィー、チエン両博士にGFPのDNAを無償で提供したプラシャー博士は選に漏れた。プラシャー博士はこのDNAのクローニングの後、研究資金が得られずGFPの研究から離れ、農務省やNASAでしばらく研究したが、(二〇〇八年一〇月のアメリカのNPR〔National Public Radio〕のニュースによれば)数年前に失業して、何と、ある会社の送迎シャトルバスの運転手をしているとのことだ。彼は自分の知識や技術が時代遅れにならないうちに研究職に戻れることを切望している。そして、「チャルフィーやチエンが自分の町に来るようなことがあったら、ディナーくらいおごってくれてもいい」と言っているそうだ。せっかくGFPの研究史上で重要な業績を残しながら、報われない不運な研究者もいるものだ、もったいないことだと同情を禁じ得なかった。

昨年私は、留学先だった町とピュージェット・サウンドを数十年ぶりに訪れた。町は発展して大きく変貌し、ピュージェット・サウンドには残念ながらオワンクラゲの影も形もなかった。下村博士によれば、他の種類のクラゲも見られなくなっていることから、決して博士らが捕りすぎたせいではなく、地球温暖化などの他の要因によるものらしいとのことだった。クラゲは博士らの研究の成功を見澄まし、使命を果たしたと感じて姿を消したのかもしれない。

最後になりましたが、原稿を読み込んでいろいろチェックをしてくださった青土社編集部の今岡雅依子さんには、この場を借りてお礼を申し上げます。

滋賀陽子

二〇一〇年四月一日

各章トビラ図版：*Aequoria victoria*, ©Amy Bartlett Wright, 2005.
本文中のクラゲ ：*Aurelia aurita*, from web page *www.glf.dfo-mpo.gc.ca*,
courtesy of Fisheries and Oceans Canada. Reproduced with
the permission of Her Majesty the Queen in Right Canada, 2005.

た行

な行

は行

さ行

索引

あ行

か行

光るクラゲ
蛍光タンパク質開発物語

2010年5月31日　第1刷発行
2010年7月30日　第2刷発行

著者――ヴィンセント・ピエリボン＋デヴィッド・F・グルーバー
訳者――滋賀陽子
発行者――清水一人
発行所――青土社
東京都千代田区神田神保町1-29　市瀬ビル　〒101-0051
［電話］03-3291-9831（編集）　03-3294-7829（営業）
［振替］00190-7-192955
本文印刷――ディグ
表紙印刷――方英社
製本所――小泉製本

ブックデザイン――戸塚泰雄（nu）

ISBN978-4-7917-6547-8　Printed in Japan